スタンダード 工学系の フーリエ解析・ラプラス変換

植之原 裕行・宮本 智之／著

講談社

はじめに

本書では，フーリエ変換とラプラス変換の基礎を学習する．これらの数学手法を学ぶことで得られることは単なる公式の活用，数値解析の知識の一部の範疇に留まらない．たとえば，筆者の専門である電気光学系では，光ファイバ通信や無線通信の現象を理解するための必須の手段であり，基本的な設計ツールとなっている．

光ファイバに光信号を入力し，伝送後の波形を受信することを考えてみよう．理想的な性質は，どのような長い距離を伝送しても光信号の時間波形が変化しないことである．しかしながら，現実の光ファイバの特性は，その構成材料の性質のために光信号を非常に長距離伝送すると，波形が広がって歪んでしまう．

この現象を理解し，適切な設計を行う際に効力を発揮するのがフーリエ変換である．フーリエ変換とは，時間的な変化がどのような周波数の情報をもっているのかを数学的に解析する手法である．そのため，光ファイバの性質の影響を受けた伝送後の光信号波形の劣化具合を，解析的に事前に把握することができる．さらに進んだ設計として，劣化を補償するには光ファイバの周波数特性の逆特性を伝送後の信号に掛け合わせれば，結果は入力信号の周波数特性そのものになり，もとの波形にほぼ等しい特性を得ることまでできるのである．

ここでは，信号伝送の例をとり上げたが，ほかの性質をもった現象を対象としたときも考え方は共通である．なお，光ファイバの時間応答の観点から解析する考え方もあり，フーリエ変換を用いて周波数の特性を見ながら設計した結果と当然のことながら同じになる．しかしながら，時間応答よりも周波数の方がわかりやすく，解析しやすいことが多い．

一方，本書の後半で扱うラプラス変換は，公式としてはフーリエ変換に酷似しているが，入力後からの時間応答を計算する目的で用いる手法である．安定状態に至るまでの時間的な変化を求めることができるので，ラプラス変換も実用上非常に有用な手法である．

以上，フーリエ変換やラプラス変換をなぜ学ぶのか？学ぶことで何に活用できるのか？について簡単に紹介した．数学の基礎科目だからといって，手法の習得に終始し，その目的が不明確なままだと，せっかく有用な手法を学んだにもかかわらず，得てして身につかないものである．本書は，基本を学ぶための教科書ではあるが，その活用の場をなるべく登場させながら進めていく．両手法をこれから学ぶ諸氏の一助となれば幸いである．

著者を代表して　植之原裕行

全 15 章，各章は，事前準備→授業→展開の順に進みます．
授業前に事前準備をしておくと，授業内容がよくわかり，授業に興味がわいてきます．授業後には学習した内容を問題を使って展開します．こうすることで，学習した内容を定着させることができます．

I
フーリエ級数とフーリエ変換

1章では，一定の時間で同じ波形を繰り返す周期関数を三角関数の級数和で表すフーリエ級数展開について学びます．

2章では，1章で学ぶフーリエ級数展開を複素関数表現することを学びます．また，偏微分方程式がフーリエ級数展開を応用して解くことができることを学びます．

3章では，フーリエ級数展開の考え方を拡張して非周期関数に適用できるフーリエ変換への理解を深めます．さまざまな関数についてのフーリエ変換を考えていきます．

4章では，複数の関数の和や，微分，積分に対するフーリエ変換がどのような結果となるか，基本的な性質に触れていきます．

5章では，2つの関数の積分の一種である畳み込み積分のフーリエ変換を学ぶことによって，時間と周波数それぞれの計算が強く関係していることを理解します．

6章では，5章に関連して，時間関数の積分が周波数の関数の積分に置き換えられる例としてパーセバルの等式を学びます．また，同様の例として2つの関数の関連性の強さを導き出す自己相関関数について，理解を深めます．

1 周期関数に対する三角関数表現：フーリエ級数

要点

1. 周期関数は，その基本周波数の整数倍の無限級数展開で表現できる．
2. $$f(\mathrm{t}) = \frac{a_0}{2} + a_1 \cos\frac{2\pi}{T}t + a_2 \cos\frac{4\pi}{T}t + \cdots + a_n \cos\frac{2n\pi}{T}t + \cdots$$
$$+ b_1 \sin\frac{2\pi}{T}t + b_2 \sin\frac{4\pi}{T}t + \cdots + b_n \sin\frac{2n\pi}{T}t + \cdots$$
の級数に対して，係数 a_n，b_n は
$$a_n = \frac{2}{T}\int_{-\frac{T}{2}}^{\frac{T}{2}} f(t)\cos\frac{2n\pi}{T}\mathrm{t}dt \qquad (n=0, 1, 2, ...)$$
$$b_n = \frac{2}{T}\int_{-\frac{T}{2}}^{\frac{T}{2}} f(t)\sin\frac{2n\pi}{T}\mathrm{t}dt \qquad (n=0, 1, 2, ...)$$
で求められる．

準備

1. 三角関数の 2 倍角，半角公式および加法定理を復習せよ．
2. 周期 T およびその整数分の 1 の周期をもつ三角関数に対して，以下が成り立つことを復習せよ．
$$\int_{-\frac{T}{2}}^{\frac{T}{2}} \cos\frac{2m\pi}{T}t\cos\frac{2n\pi}{T}\mathrm{t}dt = \begin{cases} \dfrac{T}{2} & (m=n) \\ 0 & (m \neq n) \end{cases}$$
3. $$f(t) = \sum_{n=0}^{\infty} a_n \cos\frac{2n\pi}{T}\mathrm{t}dt$$
と表記される周期関数の係数 a_n は，
$$\int_{-\frac{T}{2}}^{\frac{T}{2}} f(t)\cos\frac{2n\pi}{T}\mathrm{t}dt$$
の計算に適切な係数を掛けることで求められることを復習せよ．

一定の周期で同じ時間波形を繰り返す周期関数は，信号を伝送する試験を通

して信号の送信器や受信器，伝送路それぞれの特性を評価するためによく用いられる．周期関数をもつ信号（周期信号）がどのような正弦波信号で構成されているかがわかれば，その信号の応用や信号自身の生成も容易になり，便利である．

まず，正弦波，つまり三角関数による級数展開を考えてみよう．

1.1 周期関数の級数展開

時間 t を変数とする任意の関数 $f(t)$ に対して，ある時間量 T および任意の整数 m について

$$f(t+mT)=f(t)$$

が成り立つとき，$f(t)$ を**周期関数**という．T を**周期**と呼び，同じ波形を繰り返す最小時間を意味する．また $f=\dfrac{1}{T}$ を**周波数**，$\omega=2\pi f$ を**角周波数**という．なお，本書では t を時間として説明することが多いが，時間変数に対してのみ成り立つものではない．また，関数 f と周波数の f がまぎらわしいので注意してほしい．

周期関数の例として，正弦波

$$f_1(t)=\cos\left(\frac{2\pi}{T}t\right) \tag{1.1}$$

を考える．m を整数とし，加法定理を利用して，

$$\begin{aligned}f_1(t+mT)&=\cos\frac{2\pi}{T}(t+mT)\\&=\cos\frac{2\pi}{T}t\cdot\cos 2m\pi-\sin\frac{2\pi}{T}t\cdot\sin 2m\pi=\cos\frac{2\pi}{T}t=f_1(t)\end{aligned}$$

から周期関数であることが，容易に確認できる．

また，$f_1(t)$ の角周波数を整数 n 倍した

$$f_n(t)=\cos\frac{2n\pi}{T}t \tag{1.2}$$

は，周期が $\dfrac{T}{n}$ である．この場合は周期 T の中に n 回（n は整数）の周期が含まれることを意味し，周期 T の周期関数の構成要素と考えることができる．同様にして，

$$g_n(t)=\sin\frac{2n\pi}{T}t \tag{1.3}$$

も周期 T の周期関数の構成要素であることがわかる．

この考えを発展させると，周期 T の関数 $f(t)$ は $f_n(t)$，$g_n(t)$ の線形和で表現することができる．

$$
\begin{aligned}
f(t) &= \frac{a_0}{2} + a_1 \cos\frac{2\pi}{T}t + a_2 \cos\frac{4\pi}{T}t + \cdots + a_n \cos\frac{2n\pi}{T}t + \cdots \\
&\quad + b_1 \sin\frac{2\pi}{T}t + b_2 \sin\frac{4\pi}{T}t + \cdots + b_n \sin\frac{2n\pi}{T}t + \cdots \\
&= \frac{a_0}{2} + \sum_{m=1}^{\infty} a_m \cos\frac{2m\pi}{T}t + \sum_{m=1}^{\infty} b_m \sin\frac{2m\pi}{T}t \qquad (1.4)
\end{aligned}
$$

任意の周期関数を三角関数で級数展開できれば，生成したい信号に必要な正弦波信号が設計できる．また，信号を伝送するときの歪みを抑えるため，信号の特性を人為的に変更して対処することも可能となり実用的である．図 1.1 に矩形波を例にした正弦波による級数展開を示す．

式(1.4)を，周期関数 $f(t)$ の**フーリエ級数展開**と呼ぶ．また各級数展開項の係数 a_m，b_m を**フーリエ係数**と呼ぶ．なお，三角関数は 1 周期の平均が 0 となるため，右辺第 1 項の $\frac{a_0}{2}$ は，関数の平均が 0 以外のものも扱えるようにするために加える項と考えることができる．

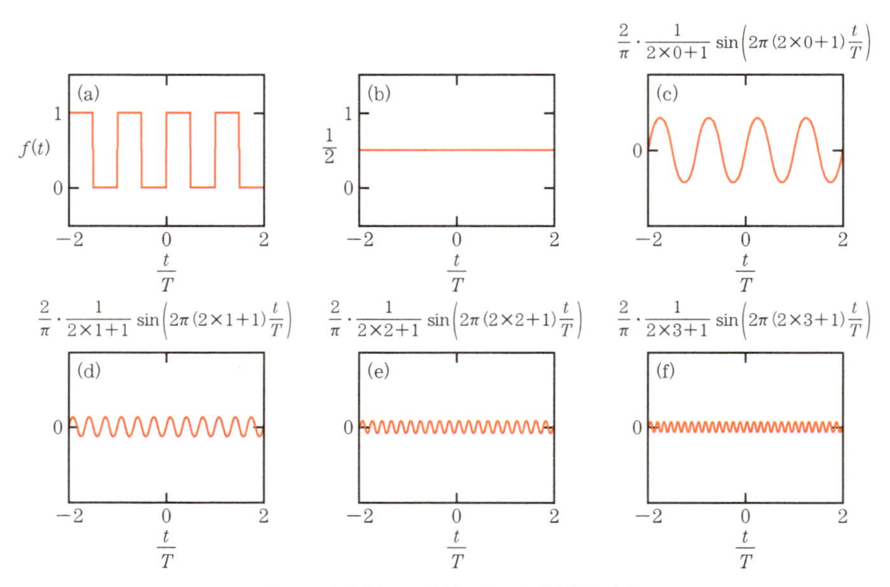

図 1.1　矩形波の正弦波による級数展開の例

(a) もとの矩形波，(b) $\frac{a_0}{2}$，(c) $b_1 \sin\frac{2\pi}{T}t$，(d) $b_3 \sin\frac{6\pi}{T}t$，(e) $b_5 \sin\frac{10\pi}{T}t$，(f) $b_7 \sin\frac{14\pi}{T}t$

1.2　フーリエ級数展開の係数 a_n の導出

式(1.4)の両辺に $\cos\dfrac{2n\pi}{T}t$ を掛けて，1 周期の区間 $-\dfrac{T}{2} \leq t \leq \dfrac{T}{2}$ で積分してみる．級数の和の積分は項別に行えることに注意する．また，cos の項については，$m = n$，$m \neq n$ に分けて考えると，

$$\int_{-\frac{T}{2}}^{\frac{T}{2}} f(t)\cos\frac{2n\pi}{T}t\mathrm{d}t = \int_{-\frac{T}{2}}^{\frac{T}{2}} \frac{a_0}{2}\cos\frac{2n\pi}{T}t\mathrm{d}t + \int_{-\frac{T}{2}}^{\frac{T}{2}} a_n\cos^2\frac{2n\pi}{T}t\mathrm{d}t$$

$$+\int_{-\frac{T}{2}}^{\frac{T}{2}} \sum_{\substack{m=1\\m\neq n}}^{\infty} a_m\cos\frac{2m\pi}{T}t\cdot\cos\frac{2n\pi}{T}t\mathrm{d}t$$

$$+\int_{-\frac{T}{2}}^{\frac{T}{2}} \sum_{m=1}^{\infty} b_m\sin\frac{2m\pi}{T}t\cdot\cos\frac{2n\pi}{T}t\mathrm{d}t \qquad (1.5)$$

式(1.5)の右辺第 1 項は，

$$\int_{-\frac{T}{2}}^{\frac{T}{2}} \frac{a_0}{2}\cos\frac{2n\pi}{T}t\mathrm{d}t = \frac{a_0T}{4n\pi}\left[\sin\frac{2n\pi}{T}t\right]_{-\frac{T}{2}}^{\frac{T}{2}} = 0$$

である．第 2 項は，$m = n$ の場合に相当し，

$$\int_{-\frac{T}{2}}^{\frac{T}{2}} a_n\cos^2\frac{2n\pi}{T}t\mathrm{d}t = \int_{-\frac{T}{2}}^{\frac{T}{2}} a_n\frac{1+\cos\frac{4n\pi}{T}t}{2}\mathrm{d}t$$

$$= \frac{a_n}{2}\left[t + \frac{T}{4n\pi}\sin\frac{4n\pi}{T}t\right]_{-\frac{T}{2}}^{\frac{T}{2}} = \frac{T}{2}a_n$$

と計算できる．第 3 項は，$m \neq n$ の場合に相当し，

$$\int_{-\frac{T}{2}}^{\frac{T}{2}} a_m\cos\frac{2m\pi}{T}t\cos\frac{2n\pi}{T}t\mathrm{d}t$$

$$= a_m\int_{-\frac{T}{2}}^{\frac{T}{2}} \frac{1}{2}\left\{\cos\frac{2(m+n)\pi}{T}t + \cos\frac{2(m-n)\pi}{T}t\right\}\mathrm{d}t$$

$$= \frac{a_m}{2}\left[\frac{T}{2(m+n)\pi}\sin\frac{2(m+n)\pi}{T}t + \frac{T}{2(m-n)\pi}\sin\frac{2(m-n)\pi}{T}t\right]_{-\frac{T}{2}}^{\frac{T}{2}}$$

$$= 0$$

である．第 4 項は，

$$\int_{-\frac{T}{2}}^{\frac{T}{2}} b_m \sin\frac{2m\pi}{T}t \cdot \cos\frac{2n\pi}{T}t\mathrm{d}t$$

$$= b_m \int_{-\frac{T}{2}}^{\frac{T}{2}} \frac{1}{2}\left\{\sin\frac{2(m+n)\pi}{T}t + \sin\frac{2(m-n)\pi}{T}t\right\}\mathrm{d}t$$

と変形できるので，$m \neq n$ のとき，

$$\frac{b_m}{2}\left[-\frac{T}{2(m+n)\pi}\cos\frac{2(m+n)\pi}{T}t - \frac{T}{2(m-n)\pi}\cos\frac{2(m-n)\pi}{T}t\right]_{-\frac{T}{2}}^{\frac{T}{2}} = 0$$

となる．また $m = n$ のときには，

$$\frac{b_m}{2}\int_{-\frac{T}{2}}^{\frac{T}{2}} \sin\frac{4n\pi}{T}t\mathrm{d}t = \frac{b_m}{2}\left[-\frac{T}{4n\pi}\cos\frac{4n\pi}{T}t\right]_{-\frac{T}{2}}^{\frac{T}{2}} = 0$$

である．以上から，

$$a_m = \frac{2}{T}\int_{-\frac{T}{2}}^{\frac{T}{2}} f(t)\cos\frac{2m\pi}{T}t\mathrm{d}t \quad (m = 1, 2, 3, \ldots) \tag{1.6}$$

と表現できることがわかる．

同様にして，式(1.4)の両辺に $\sin\frac{2n\pi}{T}t$ を掛けて，1 周期の区間 $-\frac{T}{2} \leq t \leq \frac{T}{2}$ で積分する．

$$\int_{-\frac{T}{2}}^{\frac{T}{2}} f(t)\sin\frac{2n\pi}{T}t\mathrm{d}t$$

$$= \int_{-\frac{T}{2}}^{\frac{T}{2}} \frac{a_0}{2}\sin\frac{2n\pi}{T}t\mathrm{d}t + \int_{-\frac{T}{2}}^{\frac{T}{2}} b_n\sin^2\frac{2n\pi}{T}t\mathrm{d}t$$

$$+ \int_{-\frac{T}{2}}^{\frac{T}{2}} \sum_{\substack{m=1 \\ m\neq n}}^{\infty} b_m\sin\frac{2m\pi}{T}t \cdot \sin\frac{2n\pi}{T}t\mathrm{d}t$$

$$+ \int_{-\frac{T}{2}}^{\frac{T}{2}} \sum_{m=1}^{\infty} a_m\cos\frac{2m\pi}{T}t \cdot \sin\frac{2n\pi}{T}t\mathrm{d}t \tag{1.7}$$

式(1.7)の右辺第 1 項は，

$$\int_{-\frac{T}{2}}^{\frac{T}{2}} \frac{a_0}{2} \sin\frac{2n\pi}{T} t\mathrm{d}t = \frac{a_0 T}{4n\pi}\left[-\cos\frac{2n\pi}{T}t\right]_{-\frac{T}{2}}^{\frac{T}{2}} = 0$$

である．第２項は，

$$\int_{-\frac{T}{2}}^{\frac{T}{2}} b_n \sin^2\frac{2n\pi}{T} t\mathrm{d}t = \int_{-\frac{T}{2}}^{\frac{T}{2}} b_n \frac{1-\cos\frac{4n\pi}{T}t}{2}\mathrm{d}t$$

$$= \frac{b_n}{2}\left[t - \frac{T}{4n\pi}\sin\frac{4n\pi}{T}t\right]_{-\frac{T}{2}}^{\frac{T}{2}} = \frac{T}{2}b_n$$

と計算できる．第３項は，$m \neq n$ なので

$$\int_{-\frac{T}{2}}^{\frac{T}{2}} b_m \sin\frac{2m\pi}{T}t \cdot \sin\frac{2n\pi}{T}t\mathrm{d}t$$

$$= b_m \int_{-\frac{T}{2}}^{\frac{T}{2}} \left[-\frac{1}{2}\left\{\cos\frac{2(m+n)\pi}{T}t - \cos\frac{2(m-n)\pi}{T}t\right\}\right]\mathrm{d}t$$

$$= -\frac{b_m}{2}\left[\frac{T}{2(m+n)\pi}\sin\frac{2(m+n)\pi}{T}t - \frac{T}{2(m-n)\pi}\sin\frac{2(m-n)\pi}{T}t\right]_{-\frac{T}{2}}^{\frac{T}{2}}$$

$$= 0$$

第４項は，

$$\int_{-\frac{T}{2}}^{\frac{T}{2}} a_m \cos\frac{2m\pi}{T}t \cdot \sin\frac{2n\pi}{T}t\mathrm{d}t$$

$$= a_m \int_{-\frac{T}{2}}^{\frac{T}{2}} \frac{1}{2}\left\{\sin\frac{2(m+n)\pi}{T}t - \sin\frac{2(m-n)\pi}{T}t\right\}\mathrm{d}t$$

先ほどと同様にして，$m \neq n$，$m = n$ いずれの場合も，第４項は０となる．

よって，

$$b_m = \frac{2}{T}\int_{-\frac{T}{2}}^{\frac{T}{2}} f(t)\sin\frac{2m\pi}{T}t\mathrm{d}t \quad (m = 1, 2, 3, \ldots) \tag{1.8}$$

と求まる．

ところで，式(1.6)で a_0 も含めて考えていいであろうか．

a_0 を求めるには，三角関数の１周期の積分（時間平均）が０になることを用

いて式(1.4)自体を区間$-\frac{T}{2} \leq t \leq \frac{T}{2}$で積分すればよい．

$$\int_{-\frac{T}{2}}^{\frac{T}{2}} f(t)\,\mathrm{d}t = \int_{-\frac{T}{2}}^{\frac{T}{2}} \frac{a_0}{2}\,\mathrm{d}t + \int_{-\frac{T}{2}}^{\frac{T}{2}} \sum_{m=1}^{\infty} a_m \cos\frac{2m\pi}{T} t\mathrm{d}t$$

$$+ \int_{-\frac{T}{2}}^{\frac{T}{2}} \sum_{m=1}^{\infty} b_m \sin\frac{2m\pi}{T} t\mathrm{d}t = \frac{T}{2} a_0$$

$$\therefore \quad a_0 = \frac{2}{T}\int_{-\frac{T}{2}}^{\frac{T}{2}} f(t)\,\mathrm{d}t \tag{1.9}$$

これは，式(1.6)の$n=0$の結果に等しいので，式(1.6)に含めて表現してよい．

以上から，フーリエ係数が求まった．すなわち，

$$f(t) = \frac{a_0}{2} + a_1 \cos\frac{2\pi}{T} t + a_2 \cos\frac{4\pi}{T} t + \cdots + a_n \cos\frac{2n\pi}{T} t + \cdots$$

$$+ b_1 \sin\frac{2\pi}{T} t + b_2 \sin\frac{4\pi}{T} t + \cdots + b_n \sin\frac{2n\pi}{T} t + \cdots$$

$$= \frac{a_0}{2} + \sum_{m=1}^{\infty} a_m \cos\frac{2m\pi}{T} t + \sum_{m=1}^{\infty} b_m \sin\frac{2m\pi}{T} t$$

に対して，

$$a_m = \frac{2}{T}\int_{-\frac{T}{2}}^{\frac{T}{2}} f(t)\cos\frac{2m\pi}{T} t\mathrm{d}t \quad (m = 0, 1, 2, \ldots) \tag{1.10}$$

$$b_m = \frac{2}{T}\int_{-\frac{T}{2}}^{\frac{T}{2}} f(t)\sin\frac{\mathrm{m}\pi}{T} t\mathrm{d}t \quad (m = 1, 2, 3, \ldots) \tag{1.11}$$

で各係数を求められる．

フーリエ級数展開は$\frac{T}{n}$の周期の三角関数の和で表現されている．これを周波数で考えると，周期関数は周波数$f = \frac{1}{T}$を最低次の周波数とし，その整数倍の周波数の和として表されていることがわかる．このことから，一般に$f = \frac{1}{T}$を**基本周波数**と呼ぶ．

1.3 フーリエ級数展開の例

フーリエ級数展開の例としていくつかの周期関数をとり上げよう．

① 矩形波

まず矩形波として図 1.2 のような振幅 A，矩形波のパルス幅 t_w，周期 T の関数を考える．すなわち，

$$f(t)=\begin{cases}A & (NT \leq t < NT+t_w)\\ 0 & (NT+t_w \leq t < (N+1)T)\end{cases} \tag{1.12}$$

で表す．ただし，N は整数である．

これを式(1.10)，式(1.11)に代入して，フーリエ係数を求める．なお，周期関数であるから，積分区間は任意の 1 周期分をとればよいことに注意して，

$$a_0=\frac{2}{T}\int_0^T f(t)\,\mathrm{d}t=\frac{2}{T}\int_0^{t_w} A\mathrm{d}t=\frac{2A}{T}[t]_0^{t_w}=\frac{2At_w}{T}$$

$$\begin{aligned}a_n&=\frac{2}{T}\int_0^T f(t)\cos\frac{2n\pi}{T}t\mathrm{d}t\\&=\frac{2}{T}\int_0^{t_w} A\cos\frac{2n\pi}{T}t\mathrm{d}t\\&=\frac{A}{n\pi}\left[\sin\frac{2n\pi}{T}t\right]_0^{t_w}=\frac{A}{n\pi}\sin\frac{2n\pi}{T}t_w\end{aligned}$$

$$\begin{aligned}b_n&=\frac{2}{T}\int_0^T f(t)\sin\frac{2n\pi}{T}t\mathrm{d}t\\&=\frac{2}{T}\int_0^{t_w} A\sin\frac{2n\pi}{T}t\mathrm{d}t\end{aligned}$$

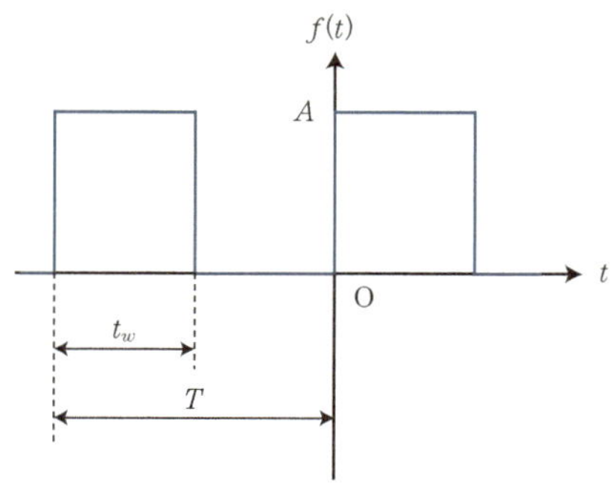

図 1.2　矩形波

$$= \frac{A}{n\pi}\left[-\cos\frac{2n\pi}{T}t\right]_0^{t_w} = \frac{A}{n\pi}\left(1-\cos\frac{2n\pi}{T}t_w\right)$$

$$\therefore f(t) = \frac{At_w}{T} + \sum_{n=1}^{\infty}\left\{\frac{A}{n\pi}\sin\frac{2n\pi}{T}t_w \cdot \cos\frac{2n\pi}{T}t + \frac{A}{n\pi}\left(1-\cos\frac{2n\pi}{T}t_w\right)\sin\frac{2n\pi}{T}t\right\}$$

具体例として $t_w = \dfrac{T}{2}$ すなわち周期に対して半分の時間幅をもつパルスを計算する．この場合，

$$a_0 = \frac{2At_w}{T} = A$$

$$a_n = \frac{A}{n\pi}\sin\frac{2n\pi}{T}t_w = 0$$

$$b_n = \frac{A}{n\pi}\left(1-\cos\frac{2n\pi}{T}t_w\right) = \frac{A}{n\pi}\left\{1-(-1)^n\right\}$$

となるので，

$$f(t) = \frac{A}{2} + \sum_{n=1}^{\infty}\left[\frac{A}{n\pi}\ \{1-(-1)^n\}\ \sin\frac{2n\pi}{T}t\right]$$

$$= \frac{A}{2} + \frac{2A}{\pi}\sum_{m=0}^{\infty}\left[\frac{1}{(2m+1)}\sin\frac{2(2m+1)\pi}{T}t\right] \tag{1.13}$$

ただし，$n = 2m + 1$（m は整数）とおいた．

図 1.3 に計算例を示す．もとの矩形波(a)のフーリエ級数の計算を，$m = 1$, 5, 10 の範囲に対してそれぞれ計算した波形を同図(b)，(c)，(d)に示した．無限級数の項数が少なすぎると，(b)に示すようにもとの波形と大きく異なるものしか再現できない．一方，(c)ではかなりもとの波形に近くなり，(d)ではほぼ再現しているといえる．また，不連続点においては急峻なピークをもって再現される様子も見られる．このような現象を，**ギブス現象**と呼ぶ．

② 全波整流波形

次に以下の式で与えられる**全波整流波形**のフーリエ係数を求めてみよう．

$$f(t) = \left|\sin\frac{2\pi}{T}t\right| \tag{1.14}$$

図 1.4 からもわかるように，周期は $\dfrac{T}{2}$ である．時間範囲 $0 \leq t \leq \dfrac{T}{2}$ において，フーリエ係数を計算する．

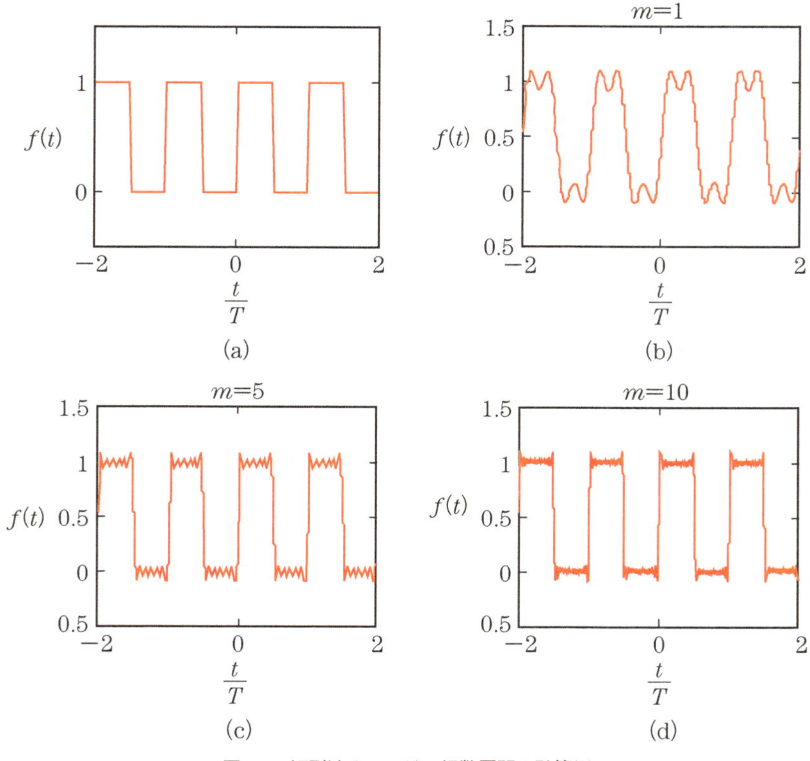

図 1.3　矩形波のフーリエ級数展開の計算例
(a) もとの矩形波　(b) $m = 1$　(c) $m = 5$　(d) $m = 10$ までの級数和

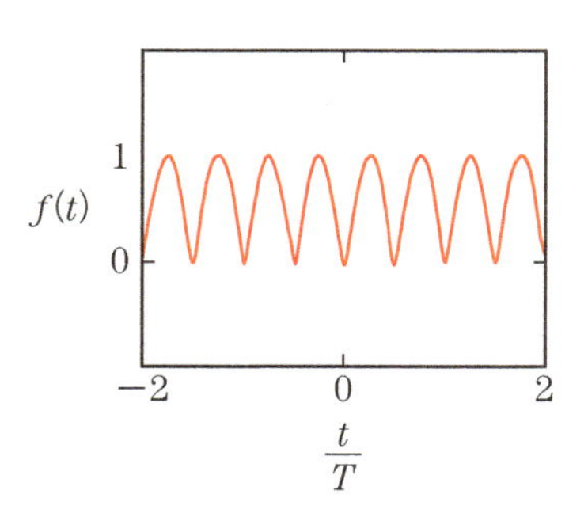

図 1.4　全波整流波形

$$a_n = \frac{2}{T/2}\int_0^{\frac{T}{2}} f(t)\cos\frac{2n\pi}{T/2}\,t\mathrm{d}t$$

$$= \frac{4}{T}\int_0^{\frac{T}{2}} \sin\frac{2\pi}{T}t \cdot \cos\frac{4n\pi}{T}t\mathrm{d}t$$

$$= \frac{4}{T}\int_0^{\frac{T}{2}} \frac{\sin\dfrac{2(2n+1)\pi}{T}t - \sin\dfrac{2(2n-1)\pi}{T}t}{2}\mathrm{d}t$$

$$= \frac{2}{T}\left[-\frac{T}{2(2n+1)\pi}\cos\frac{2(2n+1)\pi}{T}t + \frac{T}{2(2n-1)\pi}\cos\frac{2(2n-1)\pi}{T}t\right]_0^{\frac{T}{2}}$$

$$= \frac{2}{(2n+1)\pi} - \frac{2}{(2n-1)\pi} = \frac{-4}{(4n^2-1)\pi}$$

$$b_n = \frac{2}{T/2}\int_0^{\frac{T}{2}} f(t)\sin\frac{2n\pi}{T/2}t\mathrm{d}t$$

$$= \frac{4}{T}\int_0^{\frac{T}{2}} \sin\frac{2\pi}{T}t \cdot \sin\frac{4n\pi}{T}t\mathrm{d}t$$

$$= \frac{4}{T}\int_0^{\frac{T}{2}} \frac{-\cos\dfrac{2(2n+1)\pi}{T}t + \cos\dfrac{2(2n-1)\pi}{T}t}{2}\mathrm{d}t$$

$$= \frac{2}{T}\left[-\frac{T}{2(2n+1)\pi}\sin\frac{2(2n+1)\pi}{T}t + \frac{T}{2(2n-1)\pi}\sin\frac{2(2n-1)\pi}{T}t\right]_0^{\frac{T}{2}}$$

$$= 0$$

$$\therefore f(t) = \left|\sin\frac{2\pi}{T}t\right| = \frac{a_0}{2} + \sum_{n=1}^{\infty} a_n \cos\frac{2n\pi}{T/2}t$$

$$= \frac{2}{\pi} + \frac{4}{\pi}\sum_{n=1}^{\infty}\frac{1}{(1-4n^2)}\cos\frac{4n\pi}{T}t \qquad (1.15)$$

展開

問題 1.1 1周期分が以下の式で与えられる矩形波をフーリエ級数展開せよ.

$$f(t) = \begin{cases} A & \left(-\dfrac{T}{2} \leq t < 0\right) \\ -A & \left(0 \leq t < \dfrac{T}{2}\right) \end{cases}$$

問題 1.2　角周波数 ω で単振動する正弦波 $\sin \omega t$ の正の値の部分のみもつ波形（半波整流波形）をフーリエ級数展開せよ．

問題 1.3　1 周期分が以下で定義される三角波をフーリエ級数展開せよ．

$$f(t)=\begin{cases}\dfrac{1}{\pi}(t+\pi) & (-\pi \leq t<0)\\ \dfrac{1}{\pi}(-t+\pi) & (0 \leq t<\pi)\end{cases}$$

問題 1.4　図 1.2 の波形は，以下の範囲指定でも表される．この表記でフーリエ級数展開した場合，1.3 節①と同じ結果となることを示せ．

$$f(t)=\begin{cases}0 & (-(T-t_w) \leq t<0)\\ A & (0 \leq t<t_w)\end{cases}$$

問題 1.5　図 1.2 の波形を垂直方向に振幅の半分だけ平行移動した波形を考える．

$$f(t)=\begin{cases}\dfrac{A}{2} & (0 \leq t<t_w)\\ -\dfrac{A}{2} & (t_w \leq t<T)\end{cases}$$

この波形をフーリエ級数展開せよ．

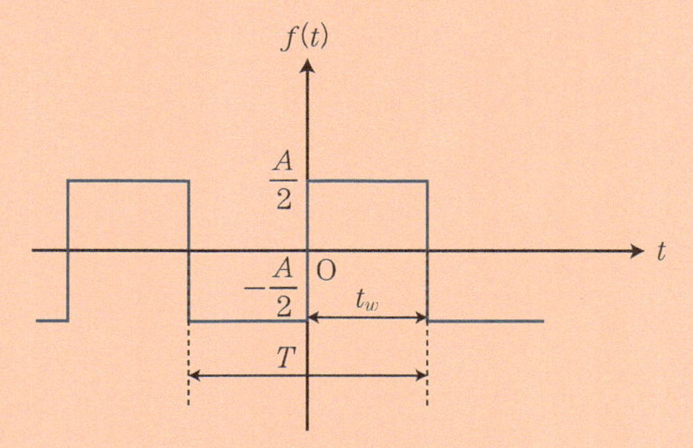

図 1.5　問題 1.5 の矩形波

問題 1.6　問題 1.5 の結果を利用して，以下の級数和（**ライプニッツ級数**）を計算せよ．

$$1-\frac{1}{3}+\frac{1}{5}-\frac{1}{7}+\cdots=\sum_{n=1}^{\infty} \frac{(-1)^{n+1}}{2n-1}$$

2 フーリエ級数展開の複素関数表示への展開と応用

要点

1. オイラーの公式から正弦関数・余弦関数の表現を確認することで，複素フーリエ級数展開の公式を導出できる．
2. 偏微分方程式の解がフーリエ級数展開で表現できる場合がある．

準備

1.
$$\cos \omega t = \frac{\mathrm{e}^{j\omega t} + \mathrm{e}^{-j\omega t}}{2}$$
$$\sin \omega t = \frac{\mathrm{e}^{j\omega t} - \mathrm{e}^{-j\omega t}}{j2}$$
であることを確かめよ．
2. フーリエ級数展開の数式に上式を代入して，各項を整理することで以下の数式となることを確かめよ．
$$f(t) = \sum_{n=-\infty}^{\infty} c_n \mathrm{e}^{j\frac{2n\pi}{T}t}$$
ただし，
$$c_n = \frac{1}{T}\int_{-\frac{T}{2}}^{\frac{T}{2}} f(t)\,\mathrm{e}^{-j\frac{2n\pi}{T}t}\,\mathrm{d}t$$

第 1 章では，周期関数をその基本周波数および整数倍の周波数をもつ正弦関数・余弦関数で級数展開することを学んだ．正弦関数・余弦関数はそれぞれ複素指数関数で表現でき，数学的にフーリエ係数を導出する計算が楽になる場合が多い．

本章では，その手法を学んでいく．

2.1　複素フーリエ級数展開

非周期関数に対するフーリエ変換を考えるうえで，周期関数のフーリエ展開の係数を複素数で扱う**複素フーリエ級数展開**が基本となる．これについて考えてみよう．

改めて式(1.4)を示す．

$$f(t)=\frac{a_0}{2}+a_1\cos\frac{2\pi}{T}t+\cdots+a_n\cos\frac{2n\pi}{T}t+\cdots+b_1\sin\frac{2\pi}{T}t+\cdots$$
$$+b_n\sin\frac{2n\pi}{T}t+\cdots=\frac{a_0}{2}+\sum_{n=1}^{\infty}a_n\cos\frac{2n\pi}{T}t+\sum_{n=1}^{\infty}b_n\sin\frac{2n\pi}{T}t$$

オイラーの公式 $\mathrm{e}^{j\theta}=\cos\theta+j\sin\theta$（$j$ は虚数単位）より

$$\cos\frac{2n\pi}{T}t=\frac{\mathrm{e}^{j\frac{2n\pi}{T}t}+\mathrm{e}^{-j\frac{2n\pi}{T}t}}{2}$$

$$\sin\frac{2n\pi}{T}t=\frac{\mathrm{e}^{j\frac{2n\pi}{T}t}-\mathrm{e}^{-j\frac{2n\pi}{T}t}}{j2}$$

となるから，これらを代入すると，

$$f(t)=\frac{a_0}{2}+\sum_{n=1}^{\infty}a_n\frac{\mathrm{e}^{j\frac{2n\pi}{T}t}+\mathrm{e}^{-j\frac{2n\pi}{T}t}}{2}+\sum_{n=1}^{\infty}b_n\frac{\mathrm{e}^{j\frac{2n\pi}{T}t}-\mathrm{e}^{-j\frac{2n\pi}{T}t}}{j2}$$
$$=\frac{a_0}{2}+\sum_{n=1}^{\infty}\frac{a_n-jb_n}{2}\mathrm{e}^{j\frac{2n\pi}{T}t}+\sum_{n=1}^{\infty}\frac{a_n+jb_n}{2}\mathrm{e}^{-j\frac{2n\pi}{T}t} \tag{2.1}$$

ここで係数 a_n，b_n の式(1.10)，(1.11)の n（$n=1, 2, 3, \ldots$）を $-n$ とおき換えると，

$$a_{-n}=\frac{2}{T}\int_{-\frac{T}{2}}^{\frac{T}{2}}f(t)\cos\frac{2(-n)\pi}{T}t\mathrm{d}t$$
$$=\frac{2}{T}\int_{-\frac{T}{2}}^{\frac{T}{2}}f(t)\cos\frac{2n\pi}{T}t\mathrm{d}t=a_n \tag{2.2}$$

$$b_{-n}=\frac{2}{T}\int_{-\frac{T}{2}}^{\frac{T}{2}}f(t)\sin\frac{2(-n)\pi}{T}t\mathrm{d}t$$
$$=-\frac{2}{T}\int_{-\frac{T}{2}}^{\frac{T}{2}}f(t)\sin\frac{2n\pi}{T}t\mathrm{d}t=-b_n \tag{2.3}$$

が得られるから，式(2.1)中の指数関数の変数の符号と係数の符号を合わせる

ため，

$$c_n = \frac{a_n - jb_n}{2} \tag{2.4}$$

とおくと，

$$c_{-n} = \frac{a_{-n} - jb_{-n}}{2} = \frac{a_n + jb_n}{2} \tag{2.5}$$

となることから，

$$\begin{aligned} f(t) &= \frac{a_0}{2} + \sum_{n=1}^{\infty} \frac{a_n - jb_n}{2} \mathrm{e}^{j\frac{2n\pi}{T}t} + \sum_{n=1}^{\infty} \frac{a_n + jb_n}{2} \mathrm{e}^{-j\frac{2n\pi}{T}t} \\ &= \frac{a_0}{2} + \sum_{n=1}^{\infty} c_n \mathrm{e}^{j\frac{2n\pi}{T}t} + \sum_{n=1}^{\infty} c_{-n} \mathrm{e}^{-j\frac{2n\pi}{T}t} \\ &= \sum_{n=-\infty}^{\infty} c_n \mathrm{e}^{j\frac{2n\pi}{T}t} \end{aligned} \tag{2.6}$$

と表される．

ただし，

$$c_0 = \frac{a_0 - jb_0}{2} = \frac{a_0}{2}$$

の関係を用いた．

また，

$$\begin{aligned} c_n &= \frac{a_n - jb_n}{2} \\ &= \frac{1}{T}\left(\int_{-\frac{T}{2}}^{\frac{T}{2}} f(t)\cos\frac{2n\pi}{T}t\mathrm{d}t - j\int_{-\frac{T}{2}}^{\frac{T}{2}} f(t)\sin\frac{2n\pi}{T}t\mathrm{d}t\right) \\ &= \frac{1}{T}\int_{-\frac{T}{2}}^{\frac{T}{2}} f(t)\,\mathrm{e}^{-j\frac{2n\pi}{T}t}\,\mathrm{d}t \end{aligned} \tag{2.7}$$

となる．式(2.7)の係数 c_n を**複素フーリエ係数**と呼び，式(2.6)のような関数 $f(t)$ の級数展開を**複素フーリエ級数展開**と呼ぶ．

例題 2.1

図 1.2 の時間波形を複素フーリエ級数展開してみよう．

答

式(2.7)に式(1.12)の波形$f(t)$を代入して計算する．

$$f(t)=\begin{cases}A & (NT\leq t<NT+t_w)\\ 0 & (NT+t_w\leq t<(N+1)T)\end{cases}\qquad (1.12)\text{再掲}$$

だから，積分区間を$0\leq t\leq T$として，

$n=0$のとき，

$$c_0=\frac{1}{T}\int_0^{t_w}A\mathrm{d}t=\frac{At_w}{T}$$

$n\neq 0$のとき，

$$\begin{aligned}c_n&=\frac{1}{T}\int_0^{T}f(t)\,\mathrm{e}^{-j\frac{2n\pi}{T}t}\,\mathrm{d}t\\&=\frac{1}{T}\int_0^{t_w}A\mathrm{e}^{-j\frac{2n\pi}{T}t}\,\mathrm{d}t\\&=\frac{A}{T}\left(-\frac{T}{j2n\pi}\right)\left[\mathrm{e}^{-j\frac{2n\pi}{T}t}\right]_0^{t_w}=j\frac{A}{2n\pi}\left(\mathrm{e}^{-j\frac{2n\pi t_w}{T}}-1\right)\end{aligned}$$

1.3節と同様に，$t_w=\dfrac{T}{2}$の場合を計算すると，

$$c_0=\frac{A}{2}$$

$$c_n=j\frac{A}{2n\pi}(\mathrm{e}^{-jn\pi}-1)=j\frac{A}{2n\pi}\{(-1)^n-1\}$$

となる．これを式(2.6)に代入して，

$$f(t)=\frac{A}{2}+j\frac{A}{2\pi}\left[\sum_{n=-\infty}^{-1}\frac{1}{n}\{(-1)^n-1\}\mathrm{e}^{j\frac{2n\pi}{T}t}+\sum_{n=1}^{\infty}\frac{1}{n}\{(-1)^n-1\}\mathrm{e}^{j\frac{2n\pi}{T}t}\right]\qquad(2.8)$$

を得る．式(2.8)を三角関数を使った形に変形すると，nが偶数のときに係数が0，奇数のときに-2となるので，$n=2m+1$(mは整数)とおいて，

$$\begin{aligned}f(t)&=\frac{A}{2}-j\frac{A}{\pi}\sum_{m=0}^{\infty}\frac{1}{(2m+1)}\left[\mathrm{e}^{j\frac{2(2m+1)\pi}{T}t}-\mathrm{e}^{-j\frac{2(2m+1)\pi}{T}t}\right]\\&=\frac{A}{2}+\frac{2A}{\pi}\sum_{m=0}^{\infty}\frac{1}{(2m+1)}\sin\left(\frac{2(2m+1)\pi}{T}t\right)\end{aligned}$$

となる．よって，式(1.13)に一致する．

■

2.2 偏微分方程式への応用

以下の式(2.9)で表される偏微分方程式の一般解の導出を考えてみよう.

$$\frac{\partial^2 u}{\partial x^2}=\frac{1}{D}\frac{\partial u}{\partial t} \tag{2.9}$$

この偏微分方程式の形となる代表的なものに,拡散方程式がある.物体の一部に熱を加えたときの時間と位置に対する温度の変化や,半導体に電子が注入されたときの電子の時間と位置に対する濃度分布を表すのによく用いられる方程式である.

上式は変数分離法で解く.

$u(x,t)=X(x)T(t)$ を式(2.9)に代入すると,

$$\frac{\mathrm{d}^2 X}{\mathrm{d}x^2}T=\frac{1}{D}\frac{\mathrm{d}T}{\mathrm{d}t}X$$

となる.ただし,$X(x)$ を X,$T(t)$ を T と表した.この両辺を XT で割ると,

$$\frac{1}{X}\frac{\mathrm{d}^2 X}{\mathrm{d}x^2}=\frac{1}{DT}\frac{\mathrm{d}T}{\mathrm{d}t} \tag{2.10}$$

となる.

左辺は x のみの関数,右辺は t のみの関数なので,式(2.10)が成り立つためには式の値が定数でなければならない.

その定数を $-C^2$ とおくと,式(2.10)は以下の2つの微分方程式になる.

$$\begin{cases} \dfrac{1}{DT}\dfrac{\mathrm{d}T}{\mathrm{d}t}=-C^2 & (2.11) \\ \dfrac{1}{X}\dfrac{\mathrm{d}^2 X}{\mathrm{d}x^2}=-C^2 & (2.12) \end{cases}$$

さらに変形して,

$$\begin{cases} \dfrac{1}{T}\dfrac{\mathrm{d}T}{\mathrm{d}t}=-C^2 D & (2.13) \\ \dfrac{\mathrm{d}^2 X}{\mathrm{d}x^2}+C^2 X=0 & (2.14) \end{cases}$$

となる.

一般解を導出しよう.

式(2.13)は変数分離形なので,両辺を t で積分して,

$$\int \frac{1}{T}\,\mathrm{d}T = -\,C^2D\int \mathrm{dt}$$

より，

$$\log T = -\,C^2Dt + k_0 \qquad (k_0 \text{ は定数})$$

したがって

$$\begin{aligned} T &= \mathrm{e}^{-\,C^2Dt\,+\,k_0} \\ &= \mathrm{e}^{-\,C^2Dt}\cdot \mathrm{e}^{k_0} \\ &= k_1\mathrm{e}^{-\,C^2Dt} \qquad (k_1 = \mathrm{e}^{k_0}) \end{aligned} \tag{2.15}$$

また式(2.14)は定係数の2階斉次線形微分方程式なので，特性方程式 $\lambda^2 + C^2 = 0$ の解 $\pm\, jC$ を用いて，

$$X = k_2\mathrm{e}^{jCx} + k_3\mathrm{e}^{-jCx} = k_4\cos Cx + k_5\sin Cx \tag{2.16}$$

とおける．これより

$$u(x, t) = k_1(k_4\cos Cx + k_5\sin Cx)\,\mathrm{e}^{-\,C^2Dt} \tag{2.17}$$

である．実際は，$t = 0$ のときの空間分布を与える初期条件 $u(x, 0)$ によって，係数 C の解が離散的に求まる．したがって，係数を改めて C_n(n は整数) とおき，式(2.17)を書き直すと以下のようになる．

$$u(x, t) = \sum_{n=0}^{\infty} k_1(k_4\cos C_nx + k_5\sin C_nx)\,\mathrm{e}^{-\,C_n^2Dt} \tag{2.18}$$

以上は，第1章および2.1節のフーリエ級数展開を直接用いたわけではないが，正弦波を用いた級数和が求まる例として紹介した．

展開

問題 2.1　図 1.4 の全波整流波形を複素フーリエ級数展開せよ.

問題 2.2　問題 1.2 の半波整流波形を複素フーリエ級数展開せよ.

問題 2.3　問題 1.3 の三角波を複素フーリエ級数展開せよ.

問題 2.4　(1)　以下で示す時間波形 $f(t)$ は周期関数ではないが, $-\pi \leq t \leq \pi$ の範囲で複素フーリエ級数展開の導出式を適用して複素フーリエ級数展開の表式で示せ.

$$f(t) = t^2$$

(2)　(1)の結果を用いて, 以下の級数を計算せよ.

$$\frac{1}{1^2} - \frac{1}{2^2} + \frac{1}{3^2} - \frac{1}{4^2} + \cdots = \sum_{n=0}^{\infty} \frac{(-1)^n}{(n+1)^2}$$

3　非周期関数に対する処理：フーリエ変換

要点

1. 複素フーリエ級数展開から，非周期関数に用いるフーリエ変換の公式が導出できる．
2. 非周期関数に対するフーリエ変換の公式は，以下で与えられる．

$$F(\omega) = \int_{-\infty}^{\infty} f(t)\,\mathrm{e}^{-j\omega t}\mathrm{d}t$$

また逆フーリエ変換は，

$$f(t) = \frac{1}{2\pi}\int_{-\infty}^{\infty} F(\omega)\,\mathrm{e}^{j\omega t}\mathrm{d}\omega$$

で与えられる．

準備

1. 複素フーリエ級数展開の周期 T を無限大に変えた場合の数式について考えてみよ．
2. 三角関数や矩形状関数など，いろいろな関数のもつ周波数成分を考えてみよ．

第 1 章では，周期関数をその基本周波数および整数倍の周波数をもつ正弦関数・余弦関数で級数展開することを学んだ．しかしながら，一般的には周期関数でない非周期関数が多いので，本章では非周期関数を周波数成分で表現するための数学的手法，フーリエ変換について学ぶこととする．

3.1　時間領域と周波数領域の関係

時間的に強度が変化する波形は，周期関数の場合は第 1 章で示したように周期で決まる基本周波数およびその整数倍の三角関数の和で表される．このと

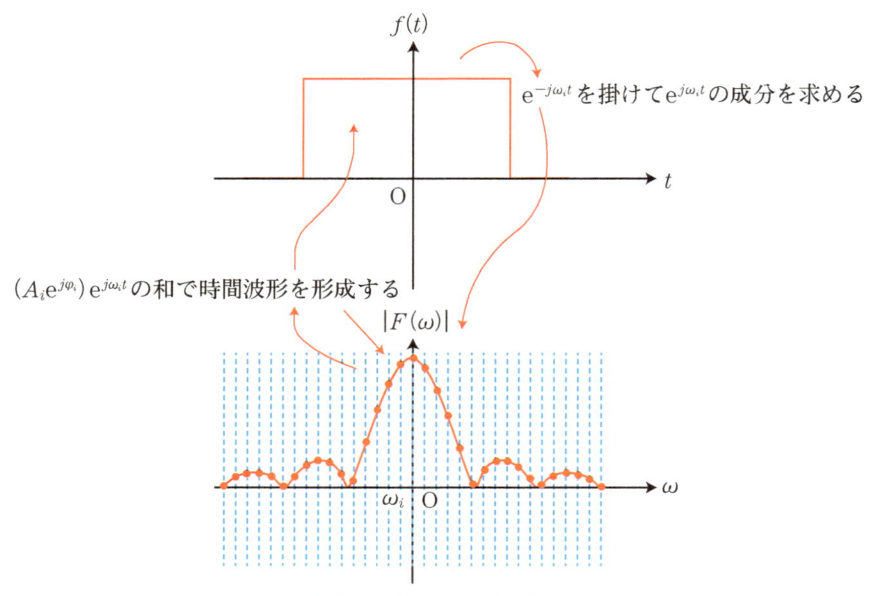

図 3.1　時間波形と周波数スペクトルの変換関係

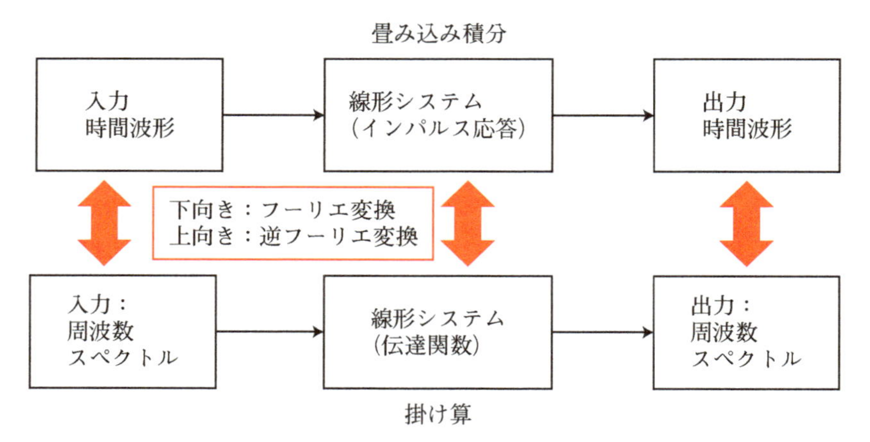

図 3.2　時間領域と周波数領域の対応関係

き，信号のもつ周波数成分の強度分布を**周波数スペクトル**と呼ぶ．図 3.1 に時間波形と周波数スペクトルの変換関係を示している．以下の詳細は専門書に譲るが，第 1 章では三角関数で表現したフーリエ級数展開を第 2 章では複素数で表してきた．波形の振幅を A_i，基準となる座標(時間)からのずれ(位相)を

φ_i とすると，周波数成分は $A_i e^{j\omega_i t} e^{j\varphi_i}$ で表される．ただし ω_i は角周波数，t は時間を示している．時間波形を構成する周波数成分の大きさ(振幅 A_i，位相 $e^{j\varphi_i}$) を求めるために，$e^{-j\omega_i t}$ を掛ける．また，周波数成分の振幅 A_i，位相 $e^{j\varphi_i}$ から時間波形を求めることができる．この対応関係は図 3.2 のように表すことができる．一方，時間応答が時間に関係なく一定であるシステムを**線形システム**と呼び，その時間応答(**インパルス応答**とも呼ぶ)を用いて出力時間波形を得ることもできる．時間領域と周波数領域の数学的解析を結びつけるのが，以降に学ぶフーリエ変換と逆フーリエ変換である．

3.2 フーリエ変換の定義

非周期関数は，周期関数のフーリエ級数展開における周期 T を無限大にした状態(周期関数の 1 周期の範囲を無限に広げた状態)と考えることができる．このとき，級数展開の隣接要素間の周波数差は $\dfrac{1}{T}$ であるから，これは 0 に漸近することは明らかである．したがって，複素フーリエ級数展開において Σ で表現された部分は積分におき換えることができる．

改めて式(2.7) を示す．

$$c_n = \frac{1}{T}\int_{-\frac{T}{2}}^{\frac{T}{2}} f(\tau)\, e^{-j\frac{2n\pi}{T}\tau} d\tau$$

これを式(2.6) に代入すると，

$$f(t) = \sum_{n=-\infty}^{\infty}\left(\frac{1}{T}\int_{-\frac{T}{2}}^{\frac{T}{2}} f(\tau)\, e^{-j\frac{2n\pi}{T}\tau} d\tau\right) e^{j\frac{2n\pi}{T}t}$$
$$= \sum_{n=-\infty}^{\infty}\left(\frac{1}{T}\int_{-\frac{T}{2}}^{\frac{T}{2}} f(\tau)\, e^{j\frac{2n\pi}{T}(t-\tau)} d\tau\right)$$

$\omega_n = \dfrac{2n\pi}{T}$ と定義すると，

$$\frac{1}{T} = \frac{1}{2\pi}\left(\frac{2(n+1)\pi}{T} - \frac{2n\pi}{T}\right)$$
$$= \frac{1}{2\pi}(\omega_{n+1} - \omega_n)$$

と書ける．$T \to \infty$ として，$\omega_{n+1} - \omega_n \approx d\omega$ とおくと，

$$f(t)=\sum_{n=-\infty}^{\infty}\frac{\mathrm{d}\omega}{2\pi}\left(\int_{-\infty}^{\infty}f(\tau)\,\mathrm{e}^{j\frac{2n\pi}{T}(t-\tau)}\mathrm{d}\tau\right)$$
$$=\frac{1}{2\pi}\int_{-\infty}^{\infty}\left(\int_{-\infty}^{\infty}f(\tau)\,\mathrm{e}^{-j\omega\tau}\mathrm{d}\tau\right)\mathrm{e}^{j\omega t}\mathrm{d}\omega \qquad (3.1)$$

ここで,

$$F(\omega)=\int_{-\infty}^{\infty}f(\tau)\,\mathrm{e}^{-j\omega\tau}\mathrm{d}\tau=\int_{-\infty}^{\infty}f(t)\,\mathrm{e}^{-j\omega t}\mathrm{d}t \qquad (3.2)$$

とおく(以下で用いるため, τ を t におき換えた)と, 式(3.1)から

$$f(t)=\frac{1}{2\pi}\int_{-\infty}^{\infty}F(\omega)\,\mathrm{e}^{j\omega t}\mathrm{d}\omega \qquad (3.3)$$

となる.

$F(\omega)$ は非周期関数 $f(t)$ の周波数成分を表現したものであり, 式(3.2)を $f(t)$ の**フーリエ変換**(または**周波数スペクトル**), 式(3.3)を $F(\omega)$ の**逆フーリエ変換**と呼ぶ.

3.3 代表的なフーリエ変換

以下, よく使われる関数のフーリエ変換を見ていこう.

① **デルタ関数**

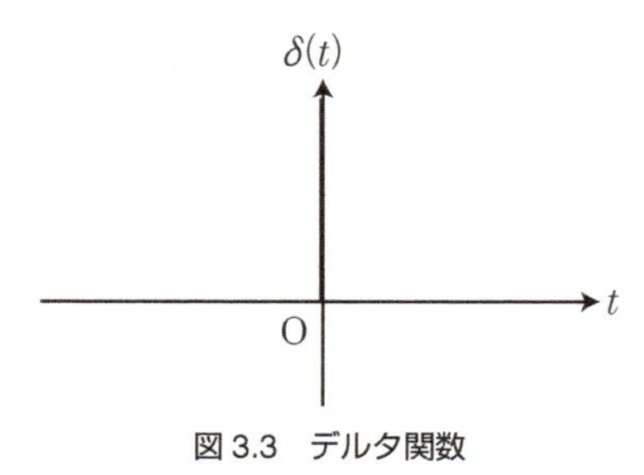

図 3.3 デルタ関数

デルタ関数(図 3.3)とは, 以下の性質(a)〜(c)を満たす関数と定義される.

(a) $$\delta(t)=\begin{cases}\infty & (t=0)\\ 0 & (t\neq 0)\end{cases} \qquad (3.4)$$

(b) $$\int_{-\infty}^{\infty} \delta(t)\,\mathrm{d}t = 1 \tag{3.5}$$

(c) $$\int_{-\infty}^{\infty} f(t)\,\delta(t)\,\mathrm{d}t = f(0) \qquad (f(t)\text{は任意の関数}) \tag{3.6}$$

(c)を用いると，

$$F(\omega) = \int_{-\infty}^{\infty} \delta(t)\,\mathrm{e}^{-j\omega t}\mathrm{d}t = 1 \tag{3.7}$$

が得られる．よって，デルタ関数は全周波数成分をもち，その振幅は一定であることがわかる．

逆に，式(3.7)の結果を逆フーリエ変換すると，もとのデルタ関数と一致することになるので，

$$\delta(t) = \frac{1}{2\pi}\int_{-\infty}^{\infty} \mathrm{e}^{j\omega t}\mathrm{d}\omega \tag{3.8}$$

となる．

② 直流

時間的に一定な数値の関数(直流波形)を

$$f(t) = E \tag{3.9}$$

で表す．このとき，$f(t)$のフーリエ変換は，4.5節で説明する対称性を用いて，

$$F(\omega) = \int_{-\infty}^{\infty} E\mathrm{e}^{-j\omega t}\mathrm{d}t = 2\pi E\delta(\omega) \tag{3.10}$$

と書ける．すなわち，直流波形は$\omega = 0$しか角周波数成分をもたないことがわかる．

③ 正弦波

正弦波(余弦関数)の数式は以下の通りである．

$$f(t) = \cos\omega_0 t = \frac{\mathrm{e}^{j\omega_0 t} + \mathrm{e}^{-j\omega_0 t}}{2} \tag{3.11}$$

このときのフーリエ変換を計算すると，

$$F(\omega) = \int_{-\infty}^{\infty} (\cos\omega_0 t)\,(\mathrm{e}^{-j\omega t})\,\mathrm{d}t$$

$$=\int_{-\infty}^{\infty}\frac{\mathrm{e}^{j\omega_0 t}+\mathrm{e}^{-j\omega_0 t}}{2}(\mathrm{e}^{-j\omega t})\,\mathrm{d}t$$

$$=\frac{1}{2}\int_{-\infty}^{\infty}\{\mathrm{e}^{-j(\omega-\omega_0)t}+\mathrm{e}^{-j(\omega+\omega_0)t}\}\mathrm{d}t=\pi(\delta(\omega-\omega_0)+\delta(\omega+\omega_0))$$

である．ここで式(3.10)の関係を用いている．よって，角周波数成分は$\omega=\omega_0$，$-\omega_0$の2箇所に存在することになる．ω_0だけでないことに注意してほしい．

例題 3.1

図3.4の孤立波のフーリエ変換を求めよう．この波形は，図1.1の1周期のみを取り出した孤立波に相当し，以下で表現される．

$$f(\mathrm{t})=\begin{cases}A & \left(-\frac{t_w}{2}\leq t<\frac{t_w}{2}\right)\\ 0 & \left(t<-\frac{t_w}{2},\ t\geq\frac{t_w}{2}\right)\end{cases}\tag{3.12}$$

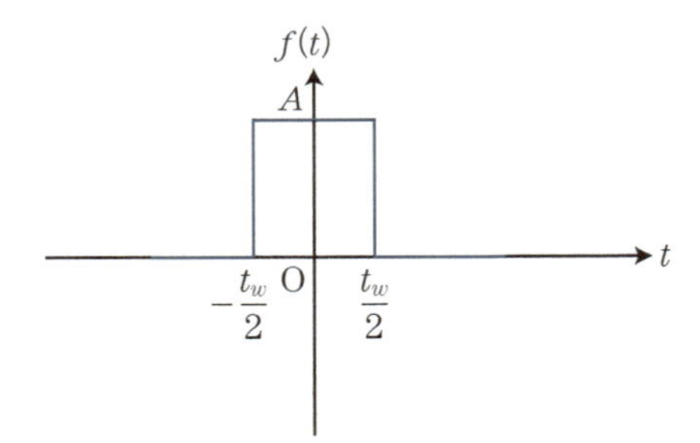

図3.4　孤立波の波形

答

式(3.12)をフーリエ変換の定義式(3.2)に代入して，

$$F(\omega)=\int_{-\infty}^{\infty}f(t)\,\mathrm{e}^{-j\omega t}\mathrm{d}t$$

$$=\int_{-\frac{t_w}{2}}^{\frac{t_w}{2}}A\mathrm{e}^{-j\omega t}\mathrm{d}t$$

$$
\begin{aligned}
&= \left[\frac{A}{-j\omega} \mathrm{e}^{-j\omega t} \right]_{-\frac{t_w}{2}}^{\frac{t_w}{2}} \\
&= \frac{A}{-j\omega} \left(\mathrm{e}^{-j\omega \frac{t_w}{2}} - \mathrm{e}^{j\omega \frac{t_w}{2}} \right) \\
&= \frac{2A}{\omega} \frac{\left(\mathrm{e}^{j\omega \frac{t_w}{2}} - \mathrm{e}^{-j\omega \frac{t_w}{2}} \right)}{j2} = At_w \frac{\sin\left(\omega \frac{t_w}{2} \right)}{\left(\omega \frac{t_w}{2} \right)}
\end{aligned}
\tag{3.13}
$$

波形を図 3.5 に示す.

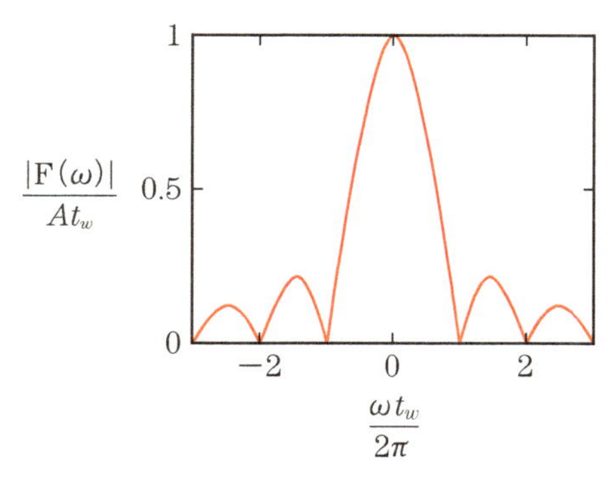

図 3.5　図 3.4 のフーリエ変換波形

3.4　フーリエ積分

$f(t)$ が実関数の場合，フーリエ変換・逆フーリエ変換を実関数の積分形で表現することができる．式(3.2)，式(3.3)を変形して，その積分形を求めよう．

まず式(3.2)において指数関数をオイラーの公式を用いて変形すると，

$$
\begin{aligned}
F(\omega) &= \int_{-\infty}^{\infty} f(t)\,(\cos \omega t - j \sin \omega t)\,\mathrm{d}t \\
&= \int_{-\infty}^{\infty} f(t) \cos \omega t \mathrm{d}t - j \int_{-\infty}^{\infty} f(t) \sin \omega t \mathrm{d}t
\end{aligned}
\tag{3.14}
$$

となる．式(3.14)の右辺第 1 項および第 2 項の積分部分を $A(\omega)$，$B(\omega)$ とおくと，

$$A(\omega) = \int_{-\infty}^{\infty} f(t) \cos \omega t \mathrm{d}t \tag{3.15}$$

$$B(\omega) = \int_{-\infty}^{\infty} f(t) \sin \omega t \mathrm{d}t \tag{3.16}$$

となる．$A(\omega)$，$B(\omega)$ をそれぞれ**フーリエ余弦変換**，**フーリエ正弦変換**と呼ぶ．

$A(\omega)$ に対して $A(-\omega) = A(\omega)$ が成り立つので，$A(\omega)$ は変数 ω に対して偶関数である．一方，$B(\omega)$ に対しては，$B(-\omega) = -B(\omega)$ が成り立つので，$B(\omega)$ は変数 ω に対して奇関数である．

式(3.3)より，

$$\begin{aligned} f(t) &= \frac{1}{2\pi} \int_{-\infty}^{\infty} \{A(\omega) - jB(\omega)\} (\cos \omega t + j \sin \omega t) \mathrm{d}\omega \\ &= \frac{1}{2\pi} \int_{-\infty}^{\infty} \{A(\omega) \cos \omega t + B(\omega) \sin \omega t\} \mathrm{d}\omega \\ &\quad + \frac{j}{2\pi} \int_{-\infty}^{\infty} \{A(\omega) \sin \omega t - B(\omega) \cos \omega t\} \mathrm{d}\omega \end{aligned} \tag{3.17}$$

$A(\omega) \sin \omega t$，$B(\omega) \cos \omega t$ はともに奇関数であり，ω に対する積分は偶関数となるので，式(3.17)の右辺第 2 項は 0 となる．

よって，

$$\begin{aligned} f(t) &= \frac{1}{2\pi} \int_{-\infty}^{\infty} \{A(\omega) \cos \omega t + B(\omega) \sin \omega t\} \mathrm{d}\omega \\ &= \frac{1}{\pi} \int_{0}^{\infty} \{A(\omega) \cos \omega t + B(\omega) \sin \omega t\} \mathrm{d}\omega \\ &= \frac{1}{\pi} \int_{0}^{\infty} \left\{ \cos \omega t \int_{-\infty}^{\infty} f(\tau) \cos \omega \tau \mathrm{d}\tau + \sin \omega t \int_{-\infty}^{\infty} f(\tau) \sin \omega \tau \mathrm{d}\tau \right\} \mathrm{d}\omega \end{aligned}$$

三角関数の加法定理を用いて，

$$f(t) = \frac{1}{\pi} \int_{0}^{\infty} \int_{-\infty}^{\infty} f(\tau) \cos \omega (\tau - t) \mathrm{d}\tau \mathrm{d}\omega \tag{3.18}$$

が成り立つ．これを $f(t)$ の**フーリエ積分**と呼ぶ．

3.5 フーリエ変換の存在

$f(t)$ のフーリエ変換が存在するための条件として，以下の定理が知られている．

【定理】

関数$f(t)$の絶対値の積分$\int_{-\infty}^{\infty}|f(t)|\,\mathrm{d}t$が収束する$\left(\int_{-\infty}^{\infty}|f(t)|\,\mathrm{d}t<\infty\right.$が成立する$\left.\right)$とき，$f(t)$のフーリエ変換$F(\omega)$が存在する．

展開

問題 3.1　次の正弦波のフーリエ変換を求めよ．

$$f(t)=\sin\omega_0 t$$

問題 3.2　次の関数$f(t)$のフーリエ変換を求めよ．

$$f(t)=\begin{cases}0 & (t<0)\\ \mathrm{e}^{-at} & (t\geq 0)\end{cases}$$

ただし$a>0$とする．

問題 3.3　次の関数$f(t)$（**ガウス関数**という）のフーリエ変換を求めるため，以下の小問に答えよ．

$$f(t)=\mathrm{e}^{-\left(\frac{t}{\sigma}\right)^2}$$

(1)　$F(\omega)$の定義式に上記の$f(t)$を代入して，両辺をωで微分せよ．その結果，

$$\frac{\mathrm{d}F(\omega)}{\mathrm{d}\omega}=-\frac{\sigma^2\omega}{2}F(\omega)$$

となることを証明せよ．ただし，$\int_{-\infty}^{\infty}\mathrm{e}^{-\left(\frac{t}{\sigma}\right)^2}\mathrm{d}t=\sigma\sqrt{\pi}$を利用してよい．

(2)　(1)の結果を利用して，$F(\omega)$を導出せよ．

問題 3.4　次の関数 $f(t)$ のフーリエ変換を求めよ．

$$f(t)=\begin{cases} A(t+T) & (-T \leq t < 0) \\ A(T-t) & (0 \leq t < T) \\ 0 & (t < -T,\ t \geq T) \end{cases}$$

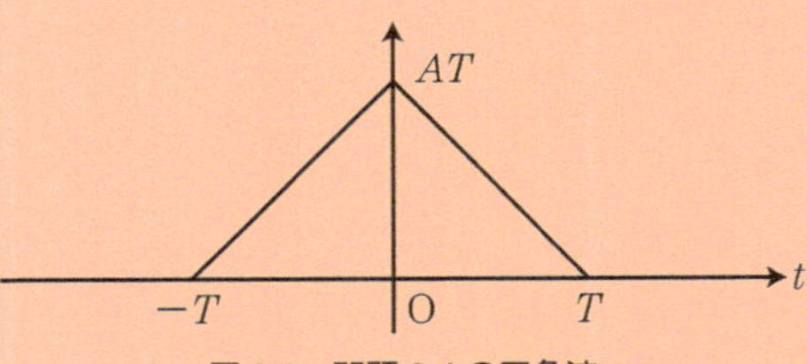

図 3.6　問題 3.4 の三角波

4 フーリエ変換の基本性質

要点

1. フーリエ変換の定義式を用いて，2 つの関数 $f_1(t)$, $f_2(t)$ の線形結合のフーリエ変換 $\mathscr{F}[c_1f_1(t)+c_2f_2(t)]$，基本となる関数を時間軸上で平行移動した関数，微分形・積分形などが，もとの関数のフーリエ変換を用いて表現できる．
2. フーリエ変換の公式に，対象となる関数(上記 1．であれば $c_1f_1(t)+c_2f_2(t)$)を代入して導出できる．

準備

1. フーリエ変換・逆フーリエ変換の公式

$$F(\omega)=\int_{-\infty}^{\infty} f(t)\,\mathrm{e}^{-j\omega t}\mathrm{d}t$$

$$f(t)=\frac{1}{2\pi}\int_{-\infty}^{\infty} F(\omega)\,\mathrm{e}^{j\omega t}\mathrm{d}\omega$$

を確認せよ．

2. 関数 $f_1(t)$，$f_2(t)$ の線形結合 $\mathscr{F}[c_1f_1(t)+c_2f_2(t)]$，基本となる関数を時間軸上で平行移動した関数，微分形，積分形などをフーリエ変換の定義式に代入して計算してみよ．

フーリエ変換には，いくつかの重要な基本性質がある．それらについて以下とり上げて説明する．

なお，以降関数記号として小文字を用いた場合は時間関数を，大文字を用いた場合はフーリエ変換を示すこととする．たとえば，時間関数 $f(t)$ のフーリエ変換を $F(\omega)$ で表す．また，フーリエ変換を $\mathscr{F}[\ \ ]$，逆フーリエ変換を $\mathscr{F}^{-1}[\ \ ]$ で表す．すなわち，

$$\int_{-\infty}^{\infty} f(t)\,\mathrm{e}^{-j\omega t}\,\mathrm{d}t = \mathscr{F}[f(t)] = F(\omega)$$

$$\frac{1}{2\pi}\int_{-\infty}^{\infty} F(\omega)\,\mathrm{e}^{j\omega t}\,\mathrm{d}\omega = \mathscr{F}^{-1}[F(\omega)] = f(t)$$

である．

4.1　線形性

2つの関数$f_1(t)$, $f_2(t)$の線形結合（各関数に任意の定数を掛けたものの和）のフーリエ変換は，各関数のフーリエ変換の線形和に等しい．すなわち，c_1，c_2を任意の定数とし，$\mathscr{F}[f_1(t)] = F_1(\omega)$，$\mathscr{F}[f_2(t)] = F_2(\omega)$の関係があるとき，

$$\mathscr{F}[c_1 f_1(t) + c_2 f_2(t)] = c_1 F_1(\omega) + c_2 F_2(\omega) \tag{4.1}$$

が成り立つ．

この関係式の導出のために，式(3.2)のフーリエ変換の定義式

$$F(\omega) = \int_{-\infty}^{\infty} f(t)\,\mathrm{e}^{-j\omega t}\,\mathrm{d}t$$

に戻って考える．

$$F_1(\omega) = \int_{-\infty}^{\infty} f_1(t)\,\mathrm{e}^{-j\omega t}\,\mathrm{d}t$$

$$F_2(\omega) = \int_{-\infty}^{\infty} f_2(t)\,\mathrm{e}^{-j\omega t}\,\mathrm{d}t$$

なので，

$$\begin{aligned}\mathscr{F}[c_1 f_1(t) + c_2 f_2(t)] &= \int_{-\infty}^{\infty} (c_1 f_1(t) + c_2 f_2(t))\,\mathrm{e}^{-j\omega t}\,\mathrm{d}t \\ &= c_1 \int_{-\infty}^{\infty} f_1(t)\,\mathrm{e}^{-j\omega t}\,\mathrm{d}t + c_2 \int_{-\infty}^{\infty} f_2(t)\,\mathrm{e}^{-j\omega t}\,\mathrm{d}t \\ &= c_1 F_1(\omega) + c_2 F_2(\omega)\end{aligned}$$

となる．式(4.1)を**フーリエ変換の線形法則**と呼ぶ．

4.2　時間軸の拡張

$\mathscr{F}[f(t)] = F(\omega)$のとき，任意の定数$a\,(\neq 0)$に対して

$$\mathscr{F}[f(at)]=\frac{1}{|a|}F\left(\frac{\omega}{a}\right) \tag{4.2}$$

が成り立つ.

実際，式(4.2)は定義式(3.2)に$f(at)$を代入して変形していけば求まる．以下で計算してみる.

$$\mathscr{F}[f(at)]=\int_{-\infty}^{\infty} f(at)\,\mathrm{e}^{-j\omega t}\,\mathrm{d}t$$

$\tau=at$と変数変換を行い，計算を進める．ただし，定数aの符号によって積分区間の扱いが変わるため，場合分けをして考える.

① $a>0$の場合

$$\begin{aligned}\mathscr{F}[f(at)]&=\int_{-\infty}^{\infty} f(at)\,\mathrm{e}^{-j\omega t}\,\mathrm{d}t\\&=\frac{1}{a}\int_{-\infty}^{\infty} f(\tau)\,\mathrm{e}^{-j\omega\frac{\tau}{a}}\,\mathrm{d}\tau=\frac{1}{a}F\left(\frac{\omega}{a}\right)\end{aligned}$$

② $a<0$の場合

変数変換とともに積分区間が反転することに注意すると，

$$\begin{aligned}\mathscr{F}[f(at)]&=\int_{-\infty}^{\infty} f(at)\,\mathrm{e}^{-j\omega t}\,\mathrm{d}t\\&=\frac{1}{a}\int_{\infty}^{-\infty} f(\tau)\,\mathrm{e}^{-j\omega\frac{\tau}{a}}\,\mathrm{d}\tau\\&=-\frac{1}{a}\int_{-\infty}^{\infty} f(\tau)\,\mathrm{e}^{-j\omega\frac{\tau}{a}}\,\mathrm{d}\tau=-\frac{1}{a}F\left(\frac{\omega}{a}\right)\end{aligned}$$

①，②をまとめて，任意の$a(\neq 0)$について，

$$\mathscr{F}[f(at)]=\frac{1}{|a|}F\left(\frac{\omega}{a}\right)$$

が成り立つ．これは，時間軸上でa倍に変換された波形は周波数軸上では$\frac{1}{a}$に変換されることを意味している．式(4.2)を**フーリエ変換の相似法則**と呼ぶ.

4.3 時間軸上の推移

$\mathscr{F}[f(t)]=F(\omega)$のとき，

$$\mathscr{F}[f(t-\tau)]=\mathrm{e}^{-j\omega\tau}F(\omega) \tag{4.3}$$

となる．

式(4.3)を確認するために定義式に$f(t-\tau)$を代入すると，

$$\mathscr{F}[f(t-\tau)]=\int_{-\infty}^{\infty}f(t-\tau)\,\mathrm{e}^{-j\omega t}\mathrm{d}t$$

となり，$T=t-\tau$とおくと，

$$\int_{-\infty}^{\infty}f(T)\,\mathrm{e}^{-j\omega(T+\tau)}\mathrm{d}T=\mathrm{e}^{-j\omega\tau}\int_{-\infty}^{\infty}f(T)\,\mathrm{e}^{-j\omega T}\mathrm{d}T$$
$$=\mathrm{e}^{-j\omega\tau}F(\omega)$$

この数式の意味するところは，$f(t)$を時間軸(t軸)でτ平行移動した関数の周波数スペクトルは，$F(\omega)$に$\mathrm{e}^{-j\omega\tau}$を掛けたものに等しいということである．

4.4 周波数軸上の推移

$\mathscr{F}[f(t)]=F(\omega)$のとき，

$$\mathscr{F}[\mathrm{e}^{j\omega_c t}f(t)]=F(\omega-\omega_c) \tag{4.4}$$

が成立する．

実際，定義にそって計算すると，

$$\int_{-\infty}^{\infty}\mathrm{e}^{j\omega_c t}f(t)\,\mathrm{e}^{-j\omega t}\mathrm{d}t=\int_{-\infty}^{\infty}f(t)\,\mathrm{e}^{-j(\omega-\omega_c)t}\,\mathrm{d}t$$
$$=F(\omega-\omega_c)$$

となる．

時間関数の$\mathrm{e}^{j\omega_c t}$は実関数では角周波数ω_cの正弦波を表すので，$f(t)$に$\cos\omega_c t$を掛け合わせると周波数軸上で$F(\omega)$の形状を維持したままω_cだけ水平方向に移動(シフト)することを意味する．

4.5 対称性

$\mathscr{F}[f(t)]=F(\omega)$のとき，

$$\mathscr{F}[F(t)]=2\pi f(-\omega) \tag{4.5}$$

が成り立つ．

この関係式は，以下に示す逆フーリエ変換の定義式(3.3)を用いて考える．

$$f(t)=\frac{1}{2\pi}\int_{-\infty}^{\infty}F(\omega)\,\mathrm{e}^{j\omega t}\mathrm{d}\omega$$

t を$-t$ におき換えると，

$$\begin{aligned}f(-t)&=\frac{1}{2\pi}\int_{-\infty}^{\infty}F(\omega)\,\mathrm{e}^{j\omega(-t)}\mathrm{d}\omega\\&=\frac{1}{2\pi}\int_{-\infty}^{\infty}F(\omega)\,\mathrm{e}^{-j\omega t}\mathrm{d}\omega\end{aligned}$$

となる．数式上，変数記号を変えても関係は成り立つので，t と ω を入れ換えて，

$$\int_{-\infty}^{\infty}F(t)\,\mathrm{e}^{-j\omega t}\mathrm{d}t=2\pi f(-\omega)$$

が成り立つ．よって，$F(t)$ のフーリエ変換が $2\pi f(-\omega)$ となることが示された．

このことは，ある時間関数の周波数スペクトルと同じ形状の時間波形を作ったとすると，その周波数スペクトルはもとの時間波形（$f=0$ を対称軸に左右は入れ換わる）と同じ形状となることを意味する．この理解を進めるため，矩形波の周波数スペクトルの関係を例に考えてみよう．

例題 4.1

以下の時間関数 $f(t)$ のフーリエ変換を計算してみよう．

$$f(t)=\frac{\sin(\pi t)}{\pi t} \tag{4.6}$$

これは **sinc（シンク）関数**と呼ばれるもので，例題 3.1 で考えたように矩形状の時間パルスの周波数スペクトルの形状と同等である（図 4.1）．本例題は，時間関数が sinc 関数の場合の周波数スペクトルを計算するものであり，前述の

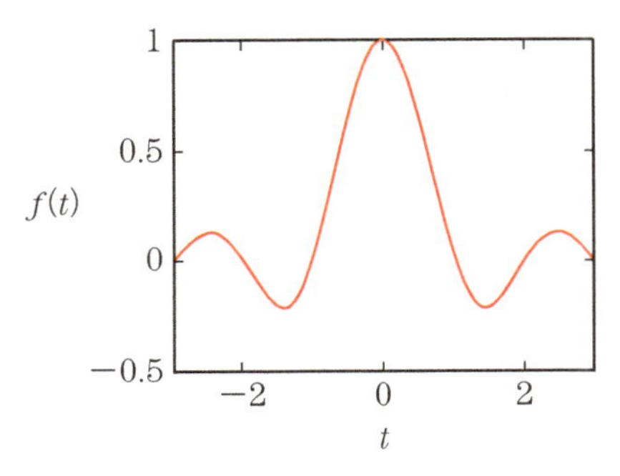

図 4.1　例題 4.1 の時間波形

基本特性から考えると矩形状になるはずである.

答

例題 3.1 で求めたように,

$$f(t)=\begin{cases} A & \left(-\dfrac{t_w}{2}\leq t<\dfrac{t_w}{2}\right) \\ 0 & \left(t<-\dfrac{t_w}{2},\ t\geq\dfrac{t_w}{2}\right) \end{cases}$$

のとき,

$$F(\omega)=At_w\frac{\sin\left(\omega\dfrac{t_w}{2}\right)}{\left(\omega\dfrac{t_w}{2}\right)}$$

である. 式(4.6)と $F(\omega)$ を比較すると, $t_w=2\pi$, $A=\dfrac{1}{2\pi}$ となる.

時間軸と周波数軸を入れ換えることになるので,

$$\mathscr{F}\left[\frac{\sin(\pi t)}{\pi t}\right]=\begin{cases} 1 & (-\pi\leq\omega<\pi) \\ 0 & (\omega<-\pi,\ \omega\geq\pi) \end{cases}$$

となる. 形状を図 4.2 に示す.

■

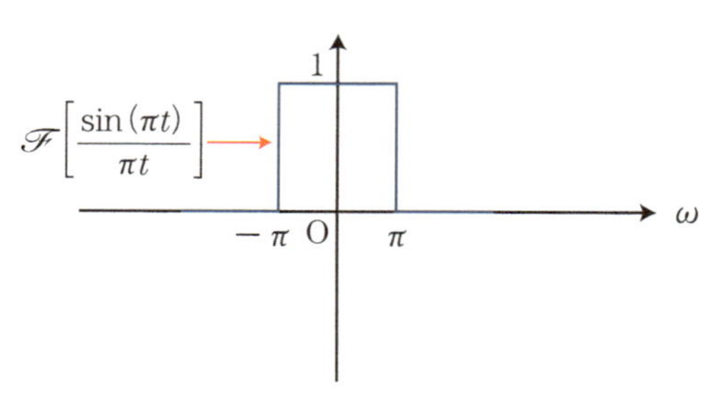

図 4.2　図 4.1 の周波数スペクトル

4.6　時間微分

$f(t)$ が絶対積分可能 $\left(\int_{-\infty}^{\infty}|f(t)|\,\mathrm{d}t<\infty\right)$ であり, $\mathscr{F}[f(t)]=F(\omega)$ のとき,

$$\mathscr{F}[f^{(n)}(t)]=(j\omega)^nF(\omega) \tag{4.7}$$

が成り立つ．ただし，$f^{(n)}(t)$ は $f(t)$ の n 階微分を表す．

このことを示すため，式(3.2)のフーリエ変換の定義式に部分積分を導入する．絶対積分可能の条件から，$\lim_{t \to \pm\infty} f(t) = 0$ となるから（詳細は積分の専門書を参照）

$$\begin{aligned}\mathscr{F}[f^{(n)}(t)] &= \int_{-\infty}^{\infty} f^{(n)}(t)\,\mathrm{e}^{-j\omega t}\mathrm{d}t \\ &= [f^{(n-1)}(t)\,\mathrm{e}^{-j\omega t}]_{-\infty}^{\infty} - \int_{-\infty}^{\infty} f^{(n-1)}(t)\,(-j\omega)\,\mathrm{e}^{-j\omega t}\mathrm{d}t \\ &= j\omega \int_{-\infty}^{\infty} f^{(n-1)}(t)\,\mathrm{e}^{-j\omega t}\mathrm{d}t = \cdots \\ &= (j\omega)^n \int_{-\infty}^{\infty} f(t)\,\mathrm{e}^{-j\omega t}\mathrm{d}t = (j\omega)^n F(\omega)\end{aligned}$$

である．

4.7 時間積分

$\mathscr{F}[f(t)] = F(\omega)$ であり，かつ $F(0) = 0$ ならば，

$$\mathscr{F}\left[\int_{-\infty}^{t} f(\tau)\,\mathrm{d}\tau\right] = \frac{1}{j\omega}F(\omega) \tag{4.8}$$

が成り立つ．

時間微分の性質を利用すると式(4.8)は簡単に導出できる．実際，$f(t) = \frac{\mathrm{d}}{\mathrm{d}t}\left(\int_{-\infty}^{t} f(\tau)\,\mathrm{d}\tau\right)$ であるから，

$$\mathscr{F}\left[\frac{\mathrm{d}}{\mathrm{d}t}\int_{-\infty}^{t} f(\tau)\,\mathrm{d}\tau\right] = j\omega\mathscr{F}\left[\int_{-\infty}^{t} f(\tau)\,\mathrm{d}\tau\right]$$

$$\therefore \mathscr{F}\left[\int_{-\infty}^{t} f(\tau)\,\mathrm{d}\tau\right] = \frac{1}{j\omega}F(\omega)$$

となる．

展開

問題 4.1 図 4.3(a) に示す矩形波を 2 つ組み合わせた同図(b) のフーリエ変換を求めたい．

直接公式に代入して計算した場合と，時間軸の推移と線形性を用いた場合の結果を比べて，一致することを確認せよ．

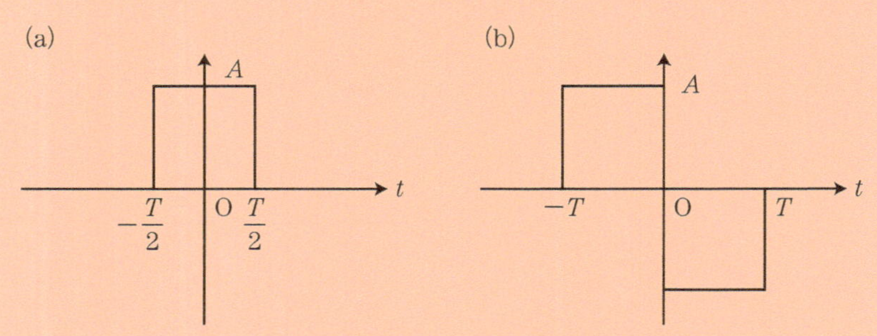

図 4.3 問題 4.1 の波形

問題 4.2 以下の 2 つの矩形波のフーリエ変換を計算し，式(4.2) の時間軸の拡張が成り立つことを確認せよ．

$$f(t) = \begin{cases} A & \left(-\frac{T}{2} \leq t < \frac{T}{2}\right) \\ 0 & \left(t < -\frac{T}{2},\ t \geq \frac{T}{2}\right) \end{cases}$$

$$g(t) = \begin{cases} A & (-T \leq t < T) \\ 0 & (t < -T,\ t \geq T) \end{cases}$$

問題 4.3 図 4.3(a) と同図(b) の $-T \leq t \leq 0$ の部分のフーリエ変換を比較し，時間軸上の推移が成り立っていることを示せ．

問題 4.4 $f(t) = \cos \omega_0 t$，$g(t) = 1 + \cos \omega_c t$ としたとき，$h(t) = g(t) f(t)$ のフーリエ変換 $H(\omega)$ を求めよ．ただし ω_c は定数である．

問題 4.5 問題 3.4 の三角波のフーリエ変換を，図 4.3(b) の時間積分であるとみなして，時間積分のフーリエ変換の性質を用いて求めよ．

5 フーリエ変換と畳み込み積分

要点

1. 2つの時間関数 $f_1(t)$，$f_2(t)$ の畳み込み積分

$$\int_{-\infty}^{\infty} f_1(\tau) f_2(t-\tau)\,\mathrm{d}\tau = f_1(t) * f_2(t)$$

は，それぞれの関数のフーリエ変換 $F_1(\omega)$，$F_2(\omega)$ の積に等しい．

$$\mathscr{F}[f_1(t) * f_2(t)] = F_1(\omega) F_2(\omega)$$

2. 2つの時間関数の畳み込み積分の結果は，各時間関数のフーリエ変換を独立に求めて積を計算し，逆フーリエ変換した結果と一致する．

準備

1. 2つの時間関数の積分 $\int_{-\infty}^{\infty} f_1(\tau) f_2(t-\tau)\,\mathrm{d}\tau$ をフーリエ変換の定義式に代入し，計算せよ．
2. 2つの時間関数のフーリエ変換の積を逆フーリエ変換せよ．

第4章で見てきたように，時間領域の波形と周波数領域のスペクトルは密接に関係している．このことは，あるシステムの時間応答が時間に無依存で，異なる時間の入力に対する応答の線形和が出力となる線形システムにおいては，ある入力信号に対する出力信号を考える際に，時間領域で計算しても周波数領域で計算しても同じ答えに行き着くことにつながる．このことを，以下で考えていこう．

5.1 畳み込み積分の計算

2つの時間関数 $f_1(t)$，$f_2(t)$ に対して，以下の積分演算を**畳み込み積分**と呼ぶ．

$$f_1(t) * f_2(t) = \int_{-\infty}^{\infty} f_1(\tau) f_2(t-\tau)\,\mathrm{d}\tau \tag{5.1}$$

例題 5.1

以下の時間関数$f_1(t)$，$f_2(t)$の畳み込み積分$f_1(t) * f_2(t)$を計算してみよう．

$$f_1(t) = \begin{cases} 1 & (0 \leq t < T) \\ 0 & (t < 0,\ t \geq T) \end{cases}$$

$f_2(t) = kf_1(t)$　(k は 0 でない定数)

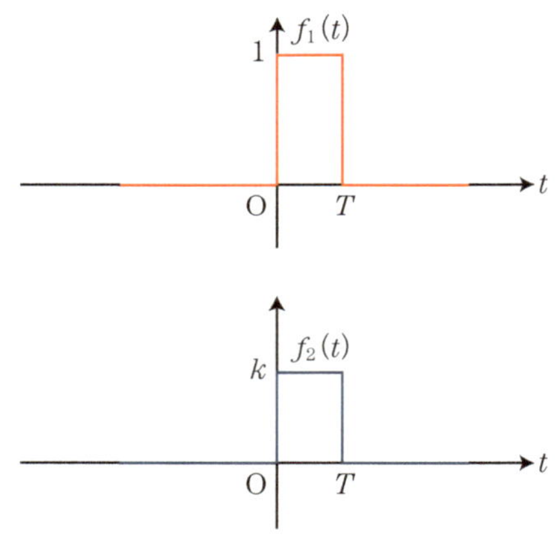

図 5.1　例題 5.1 の時間波形

答

積分が τ を変数としているので，以下でも τ 軸上で考える．すると，$f_2(t-\tau)$は$f_2(\tau)$の時間軸を左右反転させ，かつ時間方向に t シフトした波形となる．

積分の値が 0 でないためには，$f_1(t)$と$f_2(t)$が時間軸上で重ならなければならない．また，図 5.2 のように $0 \leq t < T$ の場合と $T \leq t < 2T$ の 2 通りに分けて考える．

① $0 \leq t < T$ の場合

$$\int_{-\infty}^{\infty} f_1(\tau) f_2(t-\tau)\,\mathrm{d}\tau = \int_0^t k\,\mathrm{d}\tau = kt$$

② $T \leq t < 2T$ の場合

$$\int_{-\infty}^{\infty} f_1(\tau) f_2(t-\tau)\,\mathrm{d}\tau = \int_{t-T}^{T} k\,\mathrm{d}\tau = k(2T-t)$$

よって，

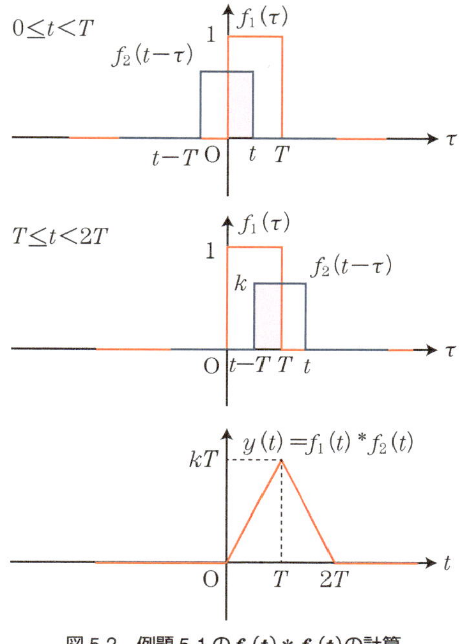

図 5.2　例題 5.1 の$\boldsymbol{f_1(t) * f_2(t)}$の計算

$$
f_1(t) * f_2(t) = \begin{cases} kt & (0 \leq t < T) \\ k(2T - t) & (T \leq t < 2T) \\ 0 & (t < 0,\ t \geq 2T) \end{cases}
$$

と求まる．

■

関数の形が一般的な場合の，畳み込み積分の考え方を図 5.3 に示しておくので，参考とされたい．

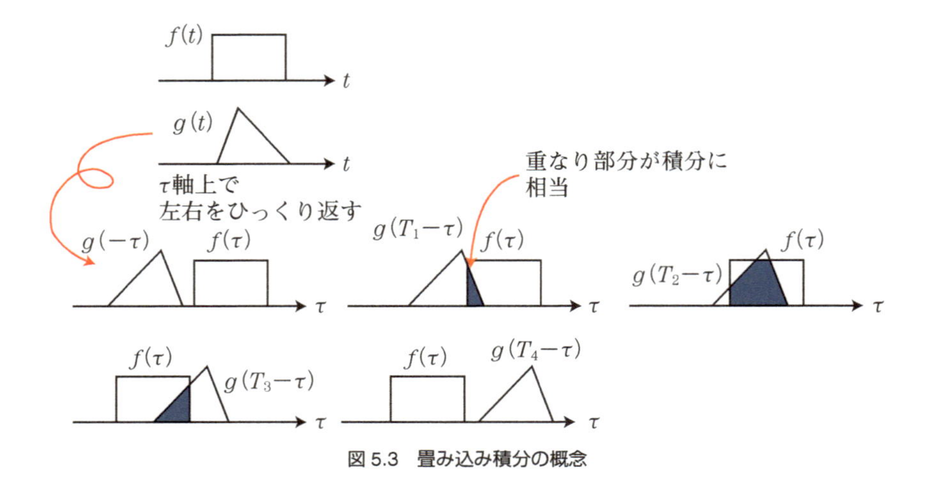

図 5.3　畳み込み積分の概念

5.2　畳み込み積分とフーリエ変換の関係

次に，2つの時間関数$f_1(t)$，$f_2(t)$それぞれのフーリエ変換を$F_1(\omega)$，$F_2(\omega)$としたとき，畳み込み積分$f_1(t) * f_2(t)$のフーリエ変換を求めよう．

式(5.1)を式(3.2)に代入すると，

$$\int_{-\infty}^{\infty} f_1(t) * f_2(t)\,\mathrm{e}^{-j\omega t}\mathrm{d}t = \int_{-\infty}^{\infty}\left(\int_{-\infty}^{\infty} f_1(\tau)\,f_2(t-\tau)\,\mathrm{d}\tau\right)\mathrm{e}^{-j\omega t}\mathrm{d}t$$

である．

積分の順番を入れ換えても答えは変わらないので，上式は，

$$\int_{-\infty}^{\infty} f_1(\tau)\left(\int_{-\infty}^{\infty} f_2(t-\tau)\,\mathrm{e}^{-j\omega t}\mathrm{d}t\right)\mathrm{d}\tau$$

となる．

$t-\tau=t'$ と変数変換して，

$$\int_{-\infty}^{\infty} f_1(\tau)\left(\int_{-\infty}^{\infty} f_2(t-\tau)\,\mathrm{e}^{-j\omega t}\mathrm{d}t\right)\mathrm{d}\tau$$

$$= \int_{-\infty}^{\infty} f_1(\tau)\left(\int_{-\infty}^{\infty} f_2(t')\,\mathrm{e}^{-j\omega(t'+\tau)}\mathrm{d}t'\right)\mathrm{d}\tau$$

$$= \left(\int_{-\infty}^{\infty} f_1(\tau)\,\mathrm{e}^{-j\omega\tau}\mathrm{d}\tau\right)\left(\int_{-\infty}^{\infty} f_2(t')\,\mathrm{e}^{-j\omega t'}\mathrm{d}t'\right) = F_1(\omega)\,F_2(\omega)$$

$$\therefore \mathscr{F}[f_1(t) * f_2(t)] = F_1(\omega)\,F_2(\omega) \tag{5.2}$$

このことは，2つの時間関数の畳み込み積分は，各時間関数のフーリエ変換の積を周波数スペクトルとしてもつことを意味する．

式(5.2)と同様にして，以下の式が成り立つ．

$$\mathscr{F}\left[f_1(t)f_2(t)\right]=\frac{1}{2\pi}F_1(\omega)*F_2(\omega) \tag{5.3}$$

例題 5.2

例題5.1は，以下の矩形波の入力を同一形状のインパルス応答のシステムに入力した場合の出力波形を求める問題であった．これと同じ問題を，周波数領域で求める例題を考えよう．

$f_1(t)$，$f_2(t)$を以下の式で与える．

$$f_1(t)=\begin{cases}1 & (0\leq t<T)\\ 0 & (t<0,\ \ t\geq T)\end{cases}$$

$$f_2(t)=f_1(t)$$

式(5.2)の関係$\mathscr{F}\left[f_1(t)*f_2(t)\right]=F_1(\omega)F_2(\omega)$を求めよう．

答

$f_1(t)$および$f_2(t)$のフーリエ変換は，式(3.13)の$t_w=T$，$A=1$とおき，式(4.3)の時間軸上の推移の関係で$\tau=\dfrac{T}{2}$を代入すればよいので，

$$F_1(\omega)=F_2(\omega)=T\mathrm{e}^{-j\omega\frac{T}{2}}\frac{\sin\left(\omega\dfrac{T}{2}\right)}{\left(\omega\dfrac{T}{2}\right)}$$

となる．よって，

$$\mathscr{F}\left[f_1(t)*f_2(t)\right]=F_1(\omega)F_2(\omega)=T^2\mathrm{e}^{-j\omega T}\left(\frac{\sin\left(\omega\dfrac{T}{2}\right)}{\left(\omega\dfrac{T}{2}\right)}\right)^2$$

■

sinc関数の2乗の逆フーリエ変換を求めることで時間波形が求まることとなる．直接導出するのでなく，第3章の関数の積分のフーリエ変換の性質を利用して三角波のフーリエ変換を導出することで解いてみよう．

図 5.4(a)のような三角波の数式は以下で与えられる．

$$f_2(t)=\begin{cases}0 & (t<-T)\\ A(t+T) & (-T\leq t<0)\\ -A(t-T) & (0\leq t<T)\\ 0 & (t\geq T)\end{cases} \tag{5.4}$$

この数式は，次式(5.5)の時間積分で与えられることは容易に確かめられる．

$$f_1(t)=\begin{cases}0 & (t<-T)\\ A & (-T\leq t<0)\\ -A & (0\leq t<T)\\ 0 & (t\geq T)\end{cases} \tag{5.5}$$

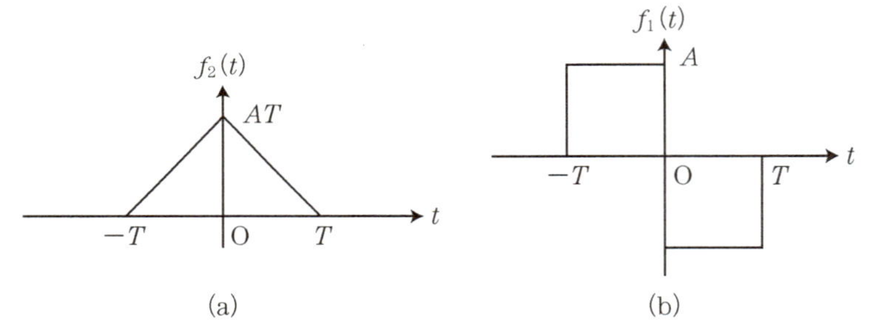

図 5.4　三角波のフーリエ変換の導出方法

この関係を念頭において，式(4.8)の時間積分の性質を適用する．

$$\mathscr{F}[f_2(t)]=\mathscr{F}\left[\int_{-\infty}^{t}f_1(\tau)\,\mathrm{d}\tau\right]=\frac{1}{j\omega}F_1(\omega)$$

例題 3.1 および時間軸上の推移の式(4.3)を利用すると，

$$F_1(\omega)=AT\mathrm{e}^{j\omega\frac{T}{2}}\frac{\sin\left(\omega\dfrac{T}{2}\right)}{\left(\omega\dfrac{T}{2}\right)}-AT\mathrm{e}^{-j\omega\frac{T}{2}}\frac{\sin\left(\omega\dfrac{T}{2}\right)}{\left(\omega\dfrac{T}{2}\right)}$$

$$=j2AT\frac{\sin\left(\omega\dfrac{T}{2}\right)}{\left(\omega\dfrac{T}{2}\right)}\cdot\frac{\mathrm{e}^{j\omega\frac{T}{2}}-\mathrm{e}^{-j\omega\frac{T}{2}}}{j2}$$

$$= j2AT\frac{\sin^2\left(\omega\dfrac{T}{2}\right)}{\left(\omega\dfrac{T}{2}\right)}$$

$F_1(0)=0$ だから，式(4.8)の時間積分の性質が利用できる．

$$\frac{1}{j\omega}\cdot j2AT\frac{\sin^2\left(\omega\dfrac{T}{2}\right)}{\left(\omega\dfrac{T}{2}\right)} = AT^2\left(\frac{\sin\left(\omega\dfrac{T}{2}\right)}{\left(\omega\dfrac{T}{2}\right)}\right)^2 \tag{5.6}$$

図5.5に式(5.6)の形状を示す．

式(5.6)を逆に見ると，sinc関数の2乗の逆フーリエ変換は三角波ということである．図5.2と図5.4(a)を時間軸上で比べると T だけ推移している．したがって，時間領域での畳み込み積分と，周波数領域の積(前後にフーリエ変換・逆フーリエ変換が必要となるが)から求まる結果が等しくなることが，問題3.4，例題5.2からもわかる．

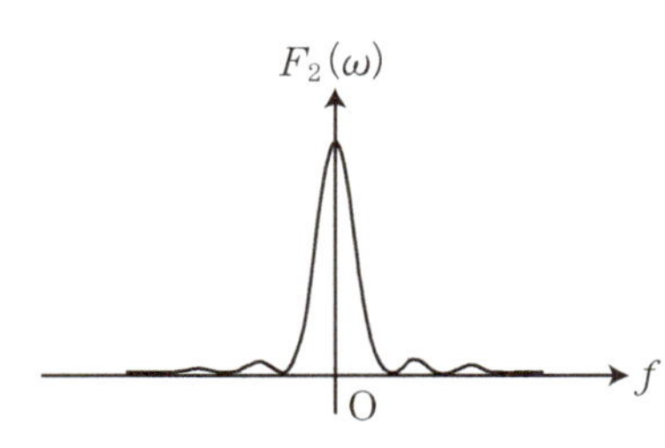

図5.5　三角波のフーリエ変換

展開

問題5.1　(1)　次の関数 $f_1(t)$，$f_2(t)$ の畳み込み積分を求めよ．ただし $a>0$ とする．

$$f_1(t)=f_2(t)=\begin{cases} e^{-at} & (t \geq 0) \\ 0 & (t < 0) \end{cases}$$

(2)　(1)で求めた畳み込み関数のフーリエ変換を求めよ．

(3)　(2)の結果が，$f_1(t)$，$f_2(t)$ のフーリエ変換 $F_1(\omega)$，$F_2(\omega)$ の積に等しいことを確認せよ．

問題 5.2 以下の$f(t)$と$h(t)$の畳み込み積分を求めよ．

ただし，$f(t)=\begin{cases} A & (0 \leq t < T) \\ 0 & (t<0,\ t \geq T) \end{cases}$

$$h(t)=\mathrm{e}^{-\frac{t}{\tau_0}}u(t)$$

$$u(t)=\begin{cases} 1 & (t>0) \\ 0 & (t \leq 0) \end{cases}$$

とする．

問題 5.3 デルタ関数$\delta(t)$と任意の関数$f(t)$を例に，時間領域と周波数領域の双対性について見てみよう．

(1) デルタ関数$\delta(t)$と関数$f(t)$の畳み込み積分を計算せよ．

(2) デルタ関数$\delta(t)$のフーリエ変換と，関数$f(t)$のフーリエ変換の積を求めよ．ただし，$f(t)$のフーリエ変換は$F(\omega)$で表されるものとする．

(3) (2)の逆フーリエ変換より，(1)の結果に一致することを確かめよ．

問題 5.4 問題3.3のガウス関数状の時間波形同士の畳み込み積分について考える．$g(t)=f(t)$のフーリエ変換$G(\omega)$と$F(\omega)$の積を逆フーリエ変換することにより，時間波形を求めよ．

問題 5.5 図5.6に示す三角波

$$f_1(t)=\begin{cases} \dfrac{2}{T}t & \left(0 \leq t < \dfrac{T}{2}\right) \\ \dfrac{2}{T}(T-t) & \left(\dfrac{T}{2} \leq t < T\right) \\ 0 & (t<0,\ t \geq T) \end{cases}$$

に対して，$f_2(t)=kf_1(T-t)$（kは定数）との畳み込み積分を計算せよ．

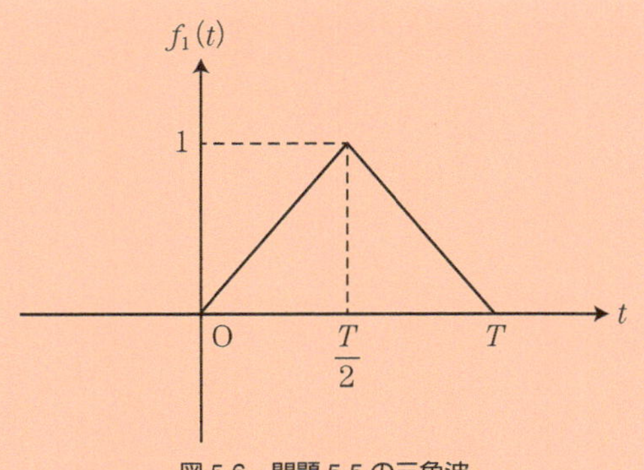

図 5.6　問題 5.5 の三角波

問題 5.6　図 5.7 で示される時間波形 $f_1(t)$ に対して，$f_2(t) = kf_1(T - t)$（k は定数）との畳み込み積分を計算せよ．

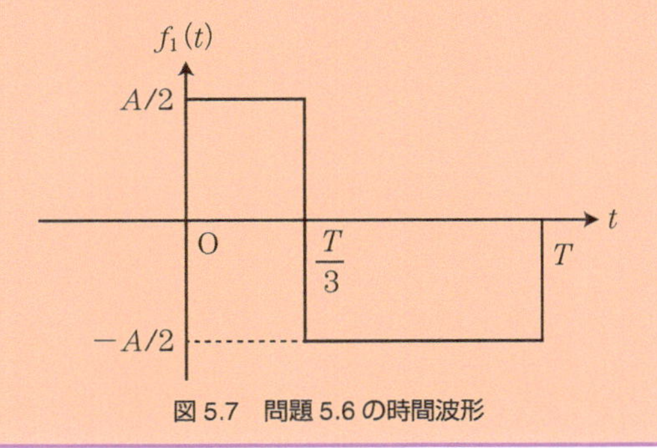

図 5.7　問題 5.6 の時間波形

6　時間と周波数の双対性，パーセバルの等式

要点

1. パーセバルの等式は以下の式で表される．

$$\int_{-\infty}^{\infty} |f(t)|^2 \mathrm{d}t = \frac{1}{2\pi}\int_{-\infty}^{\infty} |F(\omega)|^2 \mathrm{d}\omega$$

2. 自己相関関数 $R(\tau)$ のフーリエ変換により，パワースペクトル密度が与えられる．この関係をウィナー・ヒンチンの関係式と呼ぶ．

$$S(\omega) = \int_{-\infty}^{\infty} R(\tau)\,\mathrm{e}^{-j\omega\tau}\mathrm{d}\tau$$

準備

1. 畳み込み積分とそのフーリエ変換について復習せよ．
2. 関数 $f(t)$ の複素共役を $f^*(t)$ と表記し，$R(\tau) = \int_{-\infty}^{\infty} f(t) f^*(t-\tau)\,\mathrm{d}t$ としたとき，$R(\tau)$ をフーリエ変換すると，$F(\omega)F^*(\omega) = |F(\omega)|^2$ に等しくなることを確認せよ．

第５章で，線形システムの応答は時間領域でも周波数領域でも同じ結論に至ることを学んだ．本章では，時間と周波数の関数の間に成り立つほかの例を学ぶことにしよう．

6.1　パーセバルの等式

$f(t)$ に対してフーリエ変換 $F(\omega)$ が存在するとき，以下の等式が成り立つ．

$$\int_{-\infty}^{\infty} |f(t)|^2 \mathrm{d}t = \frac{1}{2\pi}\int_{-\infty}^{\infty} |F(\omega)|^2 \mathrm{d}\omega \tag{6.1}$$

この式を**パーセバルの等式**（あるいは**レイリーのエネルギー定理**）と呼ぶ．

例題 6.1　この等式(6.1)を証明しよう．

答

$$\int_{-\infty}^{\infty}|f(t)|^2\mathrm{d}t=\int_{-\infty}^{\infty}f(t)f^*(t)\,\mathrm{d}t \tag{6.2}$$

である．ただし，$f^*(t)$ は $f(t)$ の複素共役を表す．ここで2つの時間関数の積のフーリエ変換を表す式(5.3)を利用する．

式(5.3)を定義式で表現すると，

$$\int_{-\infty}^{\infty}f_1(t)f_2(t)\,\mathrm{e}^{-j\omega t}\mathrm{d}t=\frac{1}{2\pi}\int_{-\infty}^{\infty}F_1(\lambda)F_2(\omega-\lambda)\,\mathrm{d}\lambda$$

となり，$\omega=0$ とおくと，

$$\int_{-\infty}^{\infty}f_1(t)f_2(t)\,\mathrm{d}t=\frac{1}{2\pi}\int_{-\infty}^{\infty}F_1(\lambda)F_2(-\lambda)\,\mathrm{d}\lambda$$

である．変数をおき換えると，

$$\int_{-\infty}^{\infty}f_1(t)f_2(t)\,\mathrm{d}t=\frac{1}{2\pi}\int_{-\infty}^{\infty}F_1(\omega)F_2(-\omega)\,\mathrm{d}\omega \tag{6.3}$$

と書ける．$f_2(t)=f^*(t)$ の場合を考えると，

$$\begin{aligned}F_2(-\omega)&=\int_{-\infty}^{\infty}f_2(t)\,\mathrm{e}^{-j(-\omega)t}\mathrm{d}t\\&=\int_{-\infty}^{\infty}f^*(t)\,\mathrm{e}^{j\omega t}\mathrm{d}t\\&=\left(\int_{-\infty}^{\infty}f(t)\,\mathrm{e}^{-j\omega t}\mathrm{d}t\right)^*=F^*(\omega)\end{aligned}$$

となる．よって，式(6.3)において $f_1(t)=f(t)$ とすると，

$$\int_{-\infty}^{\infty}f(t)f^*(t)\,\mathrm{d}t=\frac{1}{2\pi}\int_{-\infty}^{\infty}F(\omega)F^*(\omega)\,\mathrm{d}\omega$$

$$\therefore\int_{-\infty}^{\infty}|f(t)|^2\mathrm{d}t=\frac{1}{2\pi}\int_{-\infty}^{\infty}|F(\omega)|^2\mathrm{d}\omega \tag{6.4}$$

が成立する．$\dfrac{1}{2\pi}|F(\omega)|^2$ を**エネルギー密度**，$|F(\omega)|^2$ を**パワースペクトル**と呼ぶ．式(6.4)は，時間領域でのエネルギーの値と周波数領域でのエネルギーの値が等しい(同一の信号を時間領域・周波数領域で計算)ことを意味し，当然の帰結である．■

例題 6.2

以下の sinc 形状 $f(t) = A\,\mathrm{sinc}(2wt)$ の時間パルスのエネルギー

$$E = \int_{-\infty}^{\infty} |f(t)|^2 \mathrm{d}t$$

を計算しよう．

答

例題 3.1 およびフーリエ変換の対称性（式(4.5)）より，

$$\mathscr{F}[f(t)] = 2\pi \cdot \frac{A}{4\pi w}\,\mathrm{rect}\left(\frac{\omega}{4\pi w}\right)$$

ただし，

$$\mathrm{rect}\left(\frac{\omega}{4\pi w}\right) = \begin{cases} 0 & (\omega < -2\pi w) \\ 1 & (-2\pi w \leq \omega < 2\pi w) \\ 0 & (\omega \geq 2\pi w) \end{cases}$$

がわかる．パーセバルの定理を用いると，

$$\begin{aligned}\int_{-\infty}^{\infty} |f(t)|^2 \mathrm{d}t &= \frac{1}{2\pi}\int_{-\infty}^{\infty} |F(\omega)|^2 \mathrm{d}\omega \\ &= \frac{1}{2\pi}\left(\frac{A}{2w}\right)^2 \int_{-\infty}^{\infty} \left(\mathrm{rect}\left(\frac{\omega}{4\pi w}\right)\right)^2 \mathrm{d}\omega \\ &= \frac{1}{2\pi}\left(\frac{A}{2w}\right)^2 \int_{-2\pi w}^{2\pi w} \mathrm{d}\omega = \frac{A^2}{2w}\end{aligned}$$

■

6.2 自己相関関数

統計学的に，異なる時間に観測される変数同士の積の平均値を**自己相関関数** $R(\tau)$ と呼び，そのフーリエ変換を**パワースペクトル密度** $S(\omega)$ と呼ぶ．τ は絶対的な時間ではなく，波形の時間のずれ（遅延）を表す．

すなわち，

$$S(\omega) = \int_{-\infty}^{\infty} R(\tau)\,\mathrm{e}^{-j\omega\tau} \mathrm{d}\tau \tag{6.5}$$

である．

一方，信号処理的には定義が少し異なり，関数 $f(t)$ に対して以下で与えられ

る値 $R(\tau)$ を**自己相関関数**と呼ぶ．

$$R(\tau)=\int_{-\infty}^{\infty} f(t) f^*(t-\tau)\,\mathrm{d}t \tag{6.6}$$

式(6.6)では複素共役が導入されている．このとき，$R(\tau)$ のフーリエ変換は $f(t)$ のパワースペクトルに等しい．すなわち，

$$|F(\omega)|^2=\mathscr{F}[R(\tau)]=\int_{-\infty}^{\infty} R(\tau)\,\mathrm{e}^{-j\omega\tau}\mathrm{d}\tau \tag{6.7}$$

なお，この関係(式(6.7))を**ウィナー・ヒンチンの定理**と呼ぶ．

例題 6.3

式(6.7)(ウィナー・ヒンチンの定理)を示してみよう．

答

$$\begin{aligned}
\mathscr{F}[R(\tau)] &= \int_{-\infty}^{\infty} R(\tau)\,\mathrm{e}^{-j\omega\tau}\mathrm{d}\tau \\
&= \int_{-\infty}^{\infty}\left(\int_{-\infty}^{\infty} f(t) f^*(t-\tau)\mathrm{d}t\right)\mathrm{e}^{-j\omega\tau}\mathrm{d}\tau \\
&= \int_{-\infty}^{\infty} f(t)\left(\int_{-\infty}^{\infty} f^*(t-\tau)\mathrm{e}^{-j\omega\tau}\mathrm{d}\tau\right)\mathrm{d}t \\
&= \int_{-\infty}^{\infty} f(t)\left(\int_{-\infty}^{\infty} f(t-\tau)\,\mathrm{e}^{j\omega\tau}\mathrm{d}\tau\right)^*\mathrm{d}t
\end{aligned}$$

ここで $t-\tau=t'$ とおいて，

$$\begin{aligned}
\int_{-\infty}^{\infty} f(t)\left(\int_{-\infty}^{\infty} f(t')\,\mathrm{e}^{j\omega(-t'+t)}\mathrm{d}t'\right)^*\mathrm{d}t &= \int_{-\infty}^{\infty} f(t)\,\mathrm{e}^{-j\omega t}\mathrm{d}t\left(\int_{-\infty}^{\infty} f(t')\,\mathrm{e}^{-j\omega t'}\mathrm{d}t'\right)^* \\
&= F(\omega)\,F^*(\omega)=|F(\omega)|^2
\end{aligned}$$

■

2元パルスの自己相関関数とパワースペクトル密度についての例題を考える．

例題 6.4

例題5.1の波形(2つのレベル0，1をもつため**2元パルス**と呼ばれる)を例に，自己相関関数とパワースペクトル密度を求めよう．

答

例題5.1で扱ったのは，

$$f(t)=\begin{cases}1 & (0\leq t<T)\\ 0 & (t<0,\ t\geq T)\end{cases}$$

であった．

自己相関関数は以下の式の通りとなる．

$$R(\tau)=\int_{-\infty}^{\infty}f(t)f^{*}(t-\tau)\,\mathrm{d}t=\begin{cases}0 & (\tau<-T)\\ \tau+T & (-T\leq\tau<0)\\ T-\tau & (0\leq\tau<T)\\ 0 & (\tau\geq T)\end{cases}$$

パワースペクトル密度は

$$S(\omega)=\int_{-\infty}^{\infty}R(\tau)\,\mathrm{e}^{-j\omega\tau}\mathrm{d}\tau=T^2\left(\frac{\sin\left(\omega\dfrac{T}{2}\right)}{\left(\omega\dfrac{T}{2}\right)}\right)^2$$

となる． ■

例題 6.4 の詳細な解法は例題 5.2 ですでに解説済みなので，43 ページを参照されたい．

展開

問題 6.1 以下の式で表される時間関数に対する積分を，パーセバルの等式を用いて解け．すなわち

$$f(t)=AF^2\left(\frac{\sin(\pi Ft)}{(\pi Ft)}\right)^2$$

に対する

$$\int_{-\infty}^{\infty}|f(t)|^2\mathrm{d}t=\frac{1}{2\pi}\int_{-\infty}^{\infty}|F(\omega)|^2\mathrm{d}\omega$$

を計算せよ．

問題 6.2 (1) $f(t)=\mathrm{e}^{-|t|}$ のフーリエ変換を求めよ．

(2) (1) の結果とパーセバルの等式を用いて，以下の積分を求めよ．

$$\int_{-\infty}^{\infty} \frac{1}{(1+\omega^2)^2}\,\mathrm{d}\omega$$

問題 6.3　自己相関関数 $R(\tau)$ が以下の数式で表されるとする．ただし τ は時間遅延を表す．

$$R(\tau) = \begin{cases} \dfrac{A^2}{4} + \dfrac{A^2}{4}\left(1 - \dfrac{|\tau|}{T}\right) & (|\tau| \leq T) \\ 0 & (|\tau| > T) \end{cases}$$

このとき，パワースペクトル密度 $S(\omega)$ を求めよ．

問題 6.4　自己相関関数 $R(\tau)$ が以下の数式で表されるとする．ただし τ は時間遅延を表す．

$$R(\tau) = \frac{A^2}{4}\cos(\omega_c \tau)$$

このとき，パワースペクトル密度 $S(\omega)$ を求めよ．

確認事項 I

1章　周期関数に対する三角関数表現：フーリエ級数

- □ フーリエ級数展開とは何かを理解している．
- □ フーリエ級数展開の係数が求められる．
- □ さまざまな周期関数のフーリエ級数展開が求められる．
- □ ギブス現象を理解している．

2章　フーリエ級数展開の複素関数表示への展開と応用

- □ オイラーの公式を用いて複素フーリエ級数展開の定義式が求められる．
- □ 複素フーリエ係数が求められる．
- □ さまざまな周期関数の複素フーリエ級数展開が求められる．
- □ 複素フーリエ級数展開から実関数の級数展開への変換ができる．
- □ 偏微分方程式を変数分離形の解と仮定してフーリエ級数展開形の解を求められる．

3章　非周期関数に対する処理：フーリエ変換

- □ 周波数スペクトル・インパルス応答・線形システムを理解している．
- □ 複素フーリエ級数展開から非周期関数のフーリエ変換の公式が導出できる．
- □ フーリエ変換・逆フーリエ変換の式を理解している．
- □ さまざまな関数のフーリエ変換が求められる．
- □ フーリエ積分を理解している．

4章　フーリエ変換の基本性質

- □ フーリエ変換の基本性質(線形性・相似法則・時間軸／周波数軸上の推移・対称性)を理解している．
- □ フーリエ変換の基本性質を，定義式を用いて求められる．

5章　フーリエ変換と畳み込み積分

- □ 畳み込み積分とは何かを理解している．
- □ 畳み込み積分のフーリエ変換が求められる．
- □ 畳み込み積分とフーリエ変換の関係を理解している．

6章　時間と周波数の双対性，パーセバルの等式

- □ パーセバルの等式を理解している．
- □ エネルギー密度，パワースペクトルを理解している．
- □ 自己相関関数を理解している．

II
離散化処理：離散フーリエ変換

7章では，連続関数を一定時間間隔で値を取得していく標本化を，関数表現することを学びます．標本化された関数のフーリエ変換が，もとの連続関数のフーリエ変換の情報をもっていることについての理解を深めます．

8章では，標本化された関数のフーリエ変換いわゆる離散フーリエ変換の基本的な定義と計算方法を学びます．また計算を行列で表現する手法も学びます．

9章では，離散フーリエ変換の標本化の数が2のべき乗のときに，計算の対称性を利用することで数式を簡単にすることができる，高速フーリエ変換について理解していきます．

7 標本化定理

要点

1. 関数 $f(t)$ についてフーリエ変換 $F(\omega)$ を標本化周波数 f_s で標本化した場合のフーリエ変換 $F_\delta(\omega)$ は，以下で与えられる．

$$F_\delta(\omega)=f_s\sum_{m=-\infty}^{\infty}F(\omega-2m\pi f_s)$$

準備

1. 周期 T_s で並ぶデルタ関数列をフーリエ級数展開しよう．

情報通信技術はアナログ信号のデジタル化により大きく発展した．アナログ信号からデジタル信号への変換の基本構成を図 7.1 に示す．この処理の中で必ず最初に，一定時間間隔で値を取得する操作，すなわち 7.1 節で学ぶ標本化が必要な処理となる．この処理はフーリエ変換と密接に関係している．本章では，標本化により信号がどのように変換されるか，標本化に求められる条件について学んでいこう．なお，図 7.1 中の量子化，符号化は本書の範囲を超えるので，詳細は関連図書に譲ることとする．

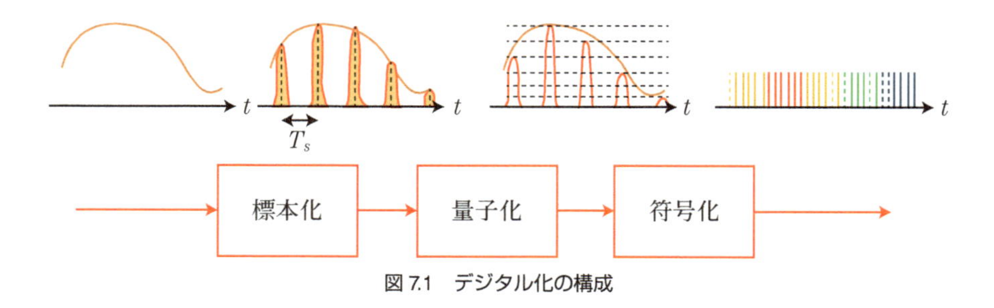

図 7.1　デジタル化の構成

7.1　標本化定理の基礎と考え方

入力信号波形の値を一定時間間隔で取得することを**標本化**と呼ぶ．またこの時間間隔を**標本化周期** T_s，その逆数 $\dfrac{1}{T_s} = f_s$ を**標本化周波数**と呼ぶ．周波数0から W までの範囲(周波数帯域 W)の信号に対しては，$2W$ 以上の標本化周波数$\left(周期\dfrac{1}{2W}以下\right)$で標本化すれば，もとの波形が完全に再現できることが知られている．これを**標本化定理**と呼ぶ．

標本化定理の説明では周波数 f を変数に用いることが多いが，本書ではほかの章と統一するため，なるべく角周波数 ω を用いることにしている．

なお，周波数帯域とは，ある信号を構成する周波数の範囲を指す．正弦波は振動周期で決まる周波数にデルタ関数の成分をもつが，正弦波以外の波形では，ある周波数の範囲に広がった成分として表現される．

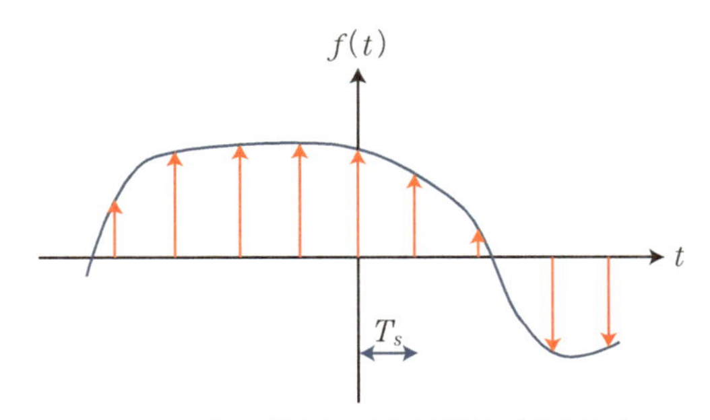

図 7.2　アナログ信号のデルタ関数による標本化

図 7.2 のように，関数 $f(t)$ を標本化周期 $T_s$$\left(標本化周波数 f_s = \dfrac{1}{T_s}\right)$で標本化した後の関数を $f_\delta(t)$ とすると，$f_\delta(t)$ は以下の数式で表現される．

$$f_\delta(t) = \sum_{n=-\infty}^{\infty} f(nT_s)\,\delta(t - nT_s)$$
$$= f(t) \sum_{n=-\infty}^{\infty} \delta(t - nT_s) \tag{7.1}$$

$f_\delta(t)$ のフーリエ変換 $F_\delta(\omega)$ を求めると，

$$F_\delta(\omega) = \int_{-\infty}^{\infty} f_\delta(t)\,\mathrm{e}^{-j\omega t}\mathrm{d}t$$
$$= \int_{-\infty}^{\infty} \left[f(t) \sum_{n=-\infty}^{\infty} \delta(t - nT_s) \right] \mathrm{e}^{-j\omega t}\,\mathrm{d}t \tag{7.2}$$

となる．ここで，$\displaystyle\sum_{n=-\infty}^{\infty} \delta(t - nT_s)$ は周期 T_s の周期関数なので，フーリエ級数展開でき，

$$\sum_{n=-\infty}^{\infty} \delta(t - nT_s) = \sum_{m=-\infty}^{\infty} c_m \mathrm{e}^{j2m\pi f_s t}$$

と書ける．c_m は $\displaystyle\sum_{n=-\infty}^{\infty} \delta(t - nT_s)$ の複素フーリエ係数であり，

$$c_m = \frac{1}{T_s} \int_{-\frac{T_s}{2}}^{\frac{T_s}{2}} \left(\sum_{n=-\infty}^{\infty} \delta(t - nT_s) \right) \mathrm{e}^{-j2m\pi f_s t}\,\mathrm{d}t = f_s \int_{-\frac{T_s}{2}}^{\frac{T_s}{2}} \sum_{n=-\infty}^{\infty} \mathrm{e}^{-j2mn\pi f t}\,\mathrm{d}t = f_s$$

ただし，デルタ関数が $t = nT_s$ で 0 でない値をもち，積分区間内にデルタ関数は 1 つしかないことを利用した．

$$\therefore \sum_{n=-\infty}^{\infty} \delta(t - nT_s) = f_s \sum_{m=-\infty}^{\infty} \mathrm{e}^{j2m\pi f_s t}$$

である．式(7.2)に代入すると，

$$F_\delta(\omega) = \int_{-\infty}^{\infty} \left(f(t) f_s \sum_{m=-\infty}^{\infty} \mathrm{e}^{j2m\pi f_s t} \right) \mathrm{e}^{-j\omega t}\,\mathrm{d}t$$
$$= f_s \sum_{m=-\infty}^{\infty} \int_{-\infty}^{\infty} f(t)\,\mathrm{e}^{-j(\omega - 2m\pi f_s)t}\,\mathrm{d}t = f_s \sum_{m=-\infty}^{\infty} F(\omega - 2m\pi f_s) \tag{7.3}$$

となる．

これは，標本化周期 f_s で $f(t)$ を標本化すると，$F(\omega)$（図 7.3(a)）を $2\pi f_s$ 周期で並べた形状となり，もとの周波数スペクトルから様子が大きく変化することを意味する．

図 7.3(b) からわかるように，各スペクトルが重ならないように $f_s \geq 2W$ の関係の標本化周期で標本化することが，もとの信号を復元可能とするための条件となる．最小の標本化周期である $f_s = 2W$ の関係を満たす f_s を**ナイキスト周波数**と呼ぶ．

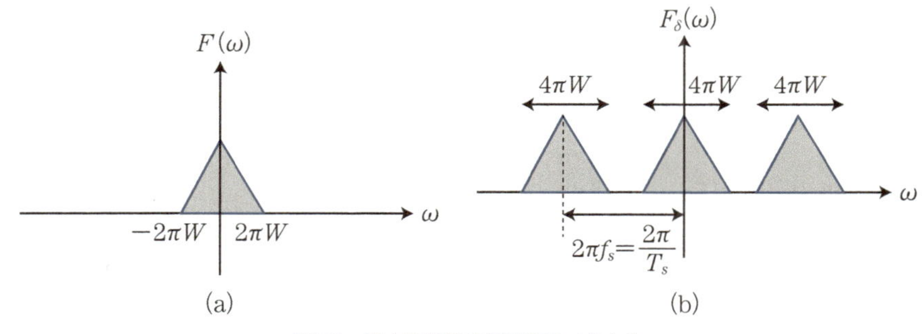

図 7.3　標本化前後の周波数スペクトル
(a) 時間関数 $f(t)$ の周波数スペクトル
(b) 標本化周波数 f_s で標本化された時間関数の周波数スペクトル

7.2　標本化周波数とナイキスト周波数

ここで，前節の内容を詳しく考察するため，f_s と $2W$ との相対関係を変えたときのフーリエ変換の様子を見てみよう．

$f_s > 2W$ の場合は，原信号の帯域よりも標本化周波数が高い場合に相当する．このとき，フーリエ変換は図 7.4(a) のようになる．f_s ごとに周期的に並ぶ原信号のスペクトルの間に隙間が空くが，特定のスペクトルを 7.3 節で述べるようにフィルタにて選択することにより，もとの信号を復元することができる．

次に $f_s = 2W$（ナイキスト周波数での標本化）の場合は，原信号の帯域の 2 倍で標本化したことに相当し，図 7.4(b) に示すように f_s ごとに周期的に並ぶスペクトル同士が接することになる．この場合は $f_s > 2W$ の場合と同様にフィルタで原信号を復元することが原理的には可能である．同時に，原信号を復元できる標本化周波数の中で最も低い周波数での標本化となり，標本化信号をデジタル伝送に利用した場合を想定した場合，周波数利用効率や伝送上の波形劣化などの影響上，最も都合のよい条件である．

最後に $f_s < 2W$ の場合は，図 7.4(c) のように f_s の間隔で並ぶ標本化信号のスペクトル同士が重なってしまう．したがって，原信号の周波数帯域 $2W$ のフィルタで選択しても，もとのスペクトルの一部が欠けると同時に，不適切な周波数領域で成分が重複することになる．この重複はもとのスペクトルの一部が隣のスペクトルとの境界で折り返されていることと等価であり，折り返されたスペクトル成分を分離することができず，原信号を正確に復元することができ

ない．この現象を**エイリアシング**と呼ぶ．

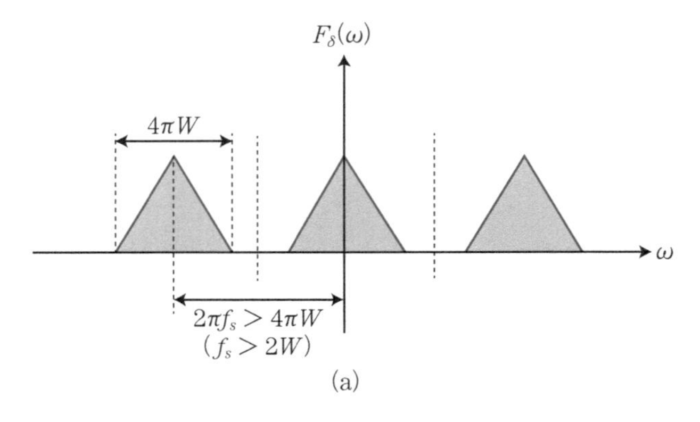

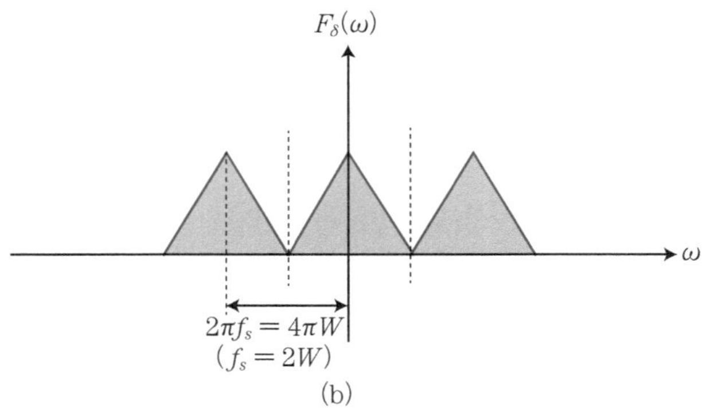

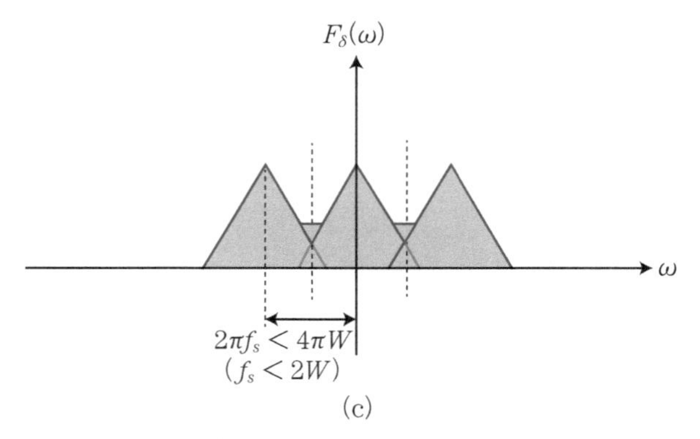

図 7.4　標本化周波数とフーリエ変換スペクトルとの関係
(a)$f_s > 2W$　(b)$f_s = 2W$　(c)$f_s < 2W$

7.3　標本化信号からの原信号の復元

逆に，$F_\delta(\omega)$ からもとの信号 $f(t)$ を求めることを考える．$f(t)$ 自体の周波数スペクトルは $F_\delta(\omega)$ の周波数範囲を $-2\pi W \leq \omega \leq 2\pi W$ に限定すればよい．すなわち，

$$F_\delta(\omega) = f_s F(\omega) + f_s \sum_{\substack{m=-\infty \\ m\neq 0}}^{\infty} F(\omega - 2m\pi f_s) \quad (-2\pi W \leq \omega \leq 2\pi W)$$

である．$-2\pi W \leq \omega \leq 2\pi W$ の周波数範囲に限定し，かつナイキスト周波数($f_s = 2W$)を前提とすると，

$$F(\omega) = \frac{1}{f_s} F_\delta(\omega) = \frac{1}{2W} F_\delta(\omega)$$

となる．式(7.1)の右辺第 1 式のフーリエ変換と時間軸上の推移を用いて，

$$F_\delta(\omega) = \sum_{n=-\infty}^{\infty} f\left(\frac{n}{2W}\right) e^{-j\frac{n\omega}{2W}} \tag{7.4}$$

だから，

$$F(\omega) = \frac{1}{2W} \sum_{n=-\infty}^{\infty} f\left(\frac{n}{2W}\right) e^{-j\frac{n\omega}{2W}}$$

である．この式を逆フーリエ変換の定義式に代入して，

$$\begin{aligned} f(t) &= \frac{1}{2\pi}\int_{-\infty}^{\infty} F(\omega)\,e^{j\omega t}d\omega = \frac{1}{4\pi W}\int_{-2\pi W}^{2\pi W} \sum_{n=-\infty}^{\infty} f\left(\frac{n}{2W}\right) e^{-j\frac{n\omega}{2W}}\, e^{j\omega t} d\omega \\ &= \frac{1}{4\pi W} \sum_{n=-\infty}^{\infty} f\left(\frac{n}{2W}\right) \int_{-2\pi W}^{2\pi W} e^{j\omega\left(t-\frac{n}{2W}\right)} d\omega \\ &= \sum_{n=-\infty}^{\infty} f\left(\frac{n}{2W}\right) \frac{\sin(2\pi Wt - n\pi)}{2\pi Wt - n\pi} \end{aligned} \tag{7.5}$$

が得られる．ここで注意するべきこととしては，標本化した信号を単に並べて $\sum_{n=-\infty}^{\infty} f\left(\frac{n}{2W}\right)$ としても，これが任意の時間 t に対する求める時間波形 $f(t)$ にはならないことである．式(7.5)は，もとの信号を標本化周期ごとに標本化して得られた信号強度をそれぞれの時間に対して与え，sinc 関数を掛けた信号の和を表している．sinc 関数は標本化周期ごとに値が 0 となる．したがって標本化された各時刻では，ほかの時刻で標本化した信号の強度はすべて 0 となるため，sinc 関数を用いたことによる影響はない．標本化時間以外は補間されている．

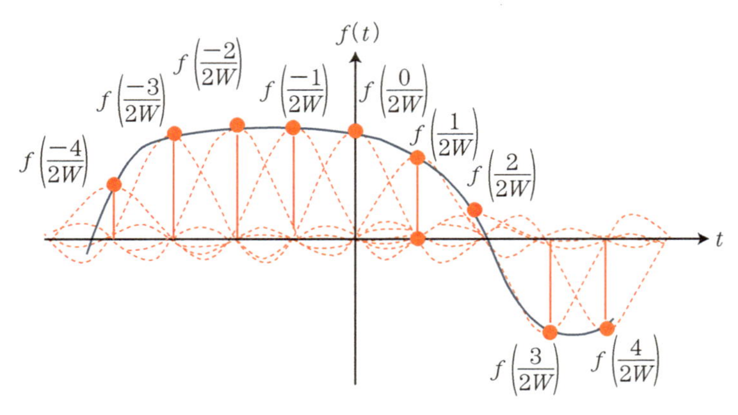

図 7.5　式(7.5)の標本化後の時間波形の様子

図 7.5 の波形で示した実線は，標本化した点の間を補間しただけで，もとの信号と同じかどうかという疑問が湧くかもしれない．しかしながら，標本化定理はもとの信号に完全に一致することを示している．

展開

問題 7.1　図 7.6 はメッセージ信号 $m(t)$ のパワースペクトル密度 ($|M(\omega)|$) を示したものである．この信号を繰り返し周波数 1kHz のデルタ関数で標本化することを考える．

このとき，パワースペクトル密度がどのようになるか，図を描け．

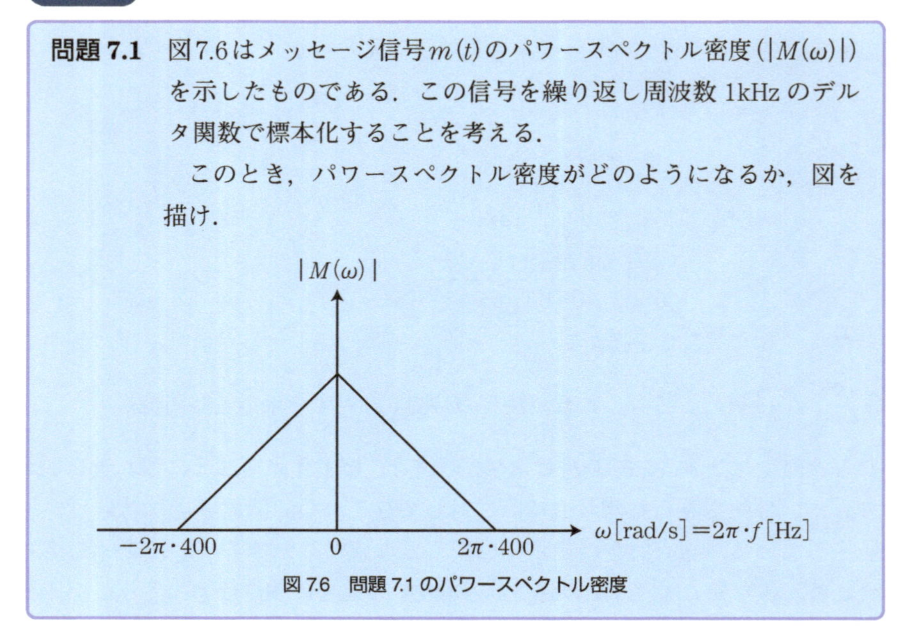

図 7.6　問題 7.1 のパワースペクトル密度

8 デジタル関数のフーリエ解析：離散フーリエ変換の基礎

要点

1. 周期関数 $f(t)$ を標本化周期 T_s（標本化周波数 f_s，1 周期あたりの標本化数 N）のデルタ関数で標本化した後のフーリエ変換 $F(k)$ は，以下で表される（離散フーリエ変換）．

$$F(k) = \sum_{n=0}^{N-1} f(n)\, \mathrm{e}^{-j\frac{2\pi k}{N}n}$$

2. 逆離散フーリエ変換は以下の式で表される．

$$f(n) = \frac{1}{N} \sum_{k=0}^{N-1} F(k)\, \mathrm{e}^{j\frac{2\pi k}{N}n}$$

準備

1. N を整数としたとき，$W_N = \mathrm{e}^{j\frac{2\pi}{N}}$ に対して $(W_N)^k\ (k = 0, 1, 2, \cdots, N-1)$ を計算してみよ．

2. $$\boldsymbol{M}_N = \begin{bmatrix} 1 & 1 & 1 & \cdots & 1 \\ 1 & W_N & {W_N}^2 & \cdots & {W_N}^{N-1} \\ 1 & {W_N}^2 & {W_N}^4 & \cdots & {W_N}^{2(N-1)} \\ \vdots & \vdots & \vdots & \ddots & \vdots \\ 1 & {W_N}^{N-1} & {W_N}^{2(N-1)} & \cdots & {W_N}^{(N-1)^2} \end{bmatrix}$$ を求めてみよ．

第 7 章でアナログ信号からデジタル信号を生成する際に必須の標本化の基本と，標本化によりもとの信号がどのように変換されるかについて学んだ．

本章では，離散化された信号の周波数解析を行うための離散フーリエ変換について学ぼう．

8.1 離散フーリエ変換の基礎

第7章で示したように，時間波形$f(t)$を標本化周期T_s(標本化周波数f_s)のデルタ関数で標本化した後の波形$f_\delta(t)$およびフーリエ変換$F_\delta(\omega)$は以下で表される．ただし，$f(t)$は周期関数(周期NT_s)であり，$f_\delta(nT_s)$はN個の点から成るとしている．

$$f_\delta(t) = \sum_{n=0}^{N-1} f(nT_s)\,\delta(t - nT_s) \tag{8.1}$$

このフーリエ変換は式(7.4)を用いると，

$$\begin{aligned} F_\delta(\omega) &= \sum_{n=0}^{N-1} f(nT_s)\,\mathrm{e}^{-j\omega nT_s} \\ &= \sum_{n=0}^{N-1} f(nT_s)\,\mathrm{e}^{-j\frac{2\pi k}{NT_s}nT_s} \\ &= \sum_{n=0}^{N-1} f(nT_s)\,\mathrm{e}^{-j\frac{2\pi k}{N}n} \equiv F(k) \end{aligned} \tag{8.2}$$

要点1

ただし，$k = 0, 1, 2, \ldots, N-1$(整数)であり，フーリエ級数展開の周波数成分に対応する．

逆離散フーリエ変換は，以下のように表現される．以下，標本化周期を基本単位とすることを前提に，$f(nT_s)$を$f(n)$と書く．

要点2

$$f(n) = \frac{1}{NT_s}\sum_{k=0}^{N-1} T_s F(k)\,\mathrm{e}^{j\frac{2\pi k}{N}n} = \frac{1}{N}\sum_{k=0}^{N-1} F(k)\,\mathrm{e}^{j\frac{2\pi k}{N}n} \tag{8.3}$$

式(8.3)の級数和の中のT_sは，信号の時間積分値が$T_s \to 0$の条件のときに$f_\delta(t)$の積分値を$f(t)$の積分値に等しくするために導入している．

以上の数式を簡単化するため，$W_N = \mathrm{e}^{j\frac{2\pi}{N}}$とおくと，以下の通りとなる．

$$F(k) = \sum_{n=0}^{N-1} f(n)\,W_N{}^{-nk} = \sum_{n=0}^{N-1} f(n)\,(W_N{}^{nk})^* \tag{8.4}$$

式(8.4)を**離散フーリエ変換**(Discrete Fourier Transform，DFT)という．また式(8.5)を**逆離散フーリエ変換**という．

$$f(n) = \frac{1}{N}\sum_{k=0}^{N-1} F(k)\,W_N{}^{nk} \tag{8.5}$$

離散フーリエ変換・逆離散フーリエ変換ともにN個のデータで与えられるので，デジタル信号処理に適している．さらに，演算量を減らす工夫を凝らした高速フーリエ変換(第 9 章で述べる)にも展開できる.

例題 8.1

周期関数$f(t) = 1 + \sin\left(\frac{2\pi}{T}t\right)$を，一定の標本化周期 $T_s = \frac{T}{N}$ (N は正の整数)で標本化したとき得られる離散的な信号列$f(n)$は以下の通りとなる.

$$f(n) = 1 + \sin\left(\frac{2\pi}{T}nT_s\right)$$

$N = 4$ のときこの信号列 $\{f_n\}$ の離散フーリエ変換を求めよ.

答

式(8.4)を用いて計算する.

$$F(k) = \sum_{n=0}^{N-1} f(n)\, W_N{}^{-nk}$$

ただし，$W_N = \mathrm{e}^{j\frac{2\pi}{N}}$ である.

$W_N = \mathrm{e}^{j\frac{2\pi}{N}} = \mathrm{e}^{j\frac{\pi}{2}}$より,

$$\begin{aligned}F(k) &= \sum_{n=0}^{N-1} \left(1 + \sin\left(n\frac{\pi}{2}\right)\right)\mathrm{e}^{-j\frac{\pi}{2}nk}\\ &= \sum_{n=0}^{3} \left(1 + \frac{\mathrm{e}^{jn\frac{\pi}{2}} - \mathrm{e}^{-jn\frac{\pi}{2}}}{j2}\right)\mathrm{e}^{-j\frac{\pi}{2}nk}\\ &= \sum_{n=0}^{3} \left(\mathrm{e}^{-j\frac{\pi}{2}nk} + \frac{\mathrm{e}^{j\frac{\pi}{2}n(1-k)} - \mathrm{e}^{-j\frac{\pi}{2}n(1+k)}}{j2}\right)\end{aligned}$$

① $k = 0$ の場合,

$$F(0) = \sum_{n=0}^{3} \left(1 + \frac{\mathrm{e}^{jn\frac{\pi}{2}} - \mathrm{e}^{-jn\frac{\pi}{2}}}{j2}\right) = 4 + \frac{1}{j2}\left(\frac{1 - \mathrm{e}^{j2\pi}}{1 - \mathrm{e}^{j\frac{\pi}{2}}} - \frac{1 - \mathrm{e}^{-j2\pi}}{1 - \mathrm{e}^{-j\frac{\pi}{2}}}\right) = 4$$

② $k = 1$ の場合,

$$F(1) = \sum_{n=0}^{3} \left(\mathrm{e}^{-jn\frac{\pi}{2}} + \frac{1 - \mathrm{e}^{-jn\pi}}{j2}\right) = \frac{1 - \mathrm{e}^{-j2\pi}}{1 - \mathrm{e}^{-j\frac{\pi}{2}}} + \frac{1}{j2}\left(4 - \frac{1 - \mathrm{e}^{-j4\pi}}{1 - \mathrm{e}^{-j\pi}}\right) = -j2$$

③ $k = 2$ の場合,

$$\begin{aligned}F(2) &= \sum_{n=0}^{3} \left(\mathrm{e}^{-jn\pi} + \frac{\mathrm{e}^{-jn\frac{\pi}{2}} - \mathrm{e}^{-j\frac{3n\pi}{2}}}{j2}\right)\\ &= \frac{1 - \mathrm{e}^{-j4\pi}}{1 - \mathrm{e}^{-j\pi}} + \frac{1}{j2}\left(\frac{1 - \mathrm{e}^{-j2\pi}}{1 - \mathrm{e}^{-j\frac{\pi}{2}}} - \frac{1 - \mathrm{e}^{-j6\pi}}{1 - \mathrm{e}^{-j\frac{3\pi}{2}}}\right) = 0\end{aligned}$$

④　$k = 3$ の場合，

$$F(3) = \sum_{n=0}^{3} \left(e^{-j\frac{3\pi}{2}n} + \frac{e^{-jn\pi} - e^{-j2n\pi}}{j2} \right) = \frac{1 - e^{-j6\pi}}{1 - e^{-j\frac{3\pi}{2}}} + \frac{1}{j2}\left(\frac{1 - e^{-j4\pi}}{1 - e^{-j\pi}} - 4 \right) = j2$$

■

図 8.1 に標本化されたもとの波を示す．

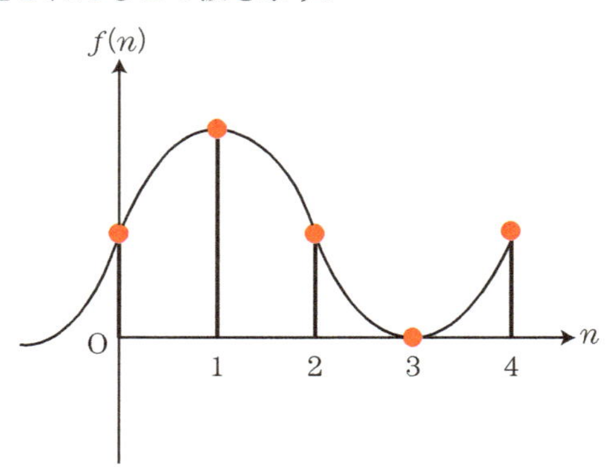

図 8.1　例題 8.1 の標本化

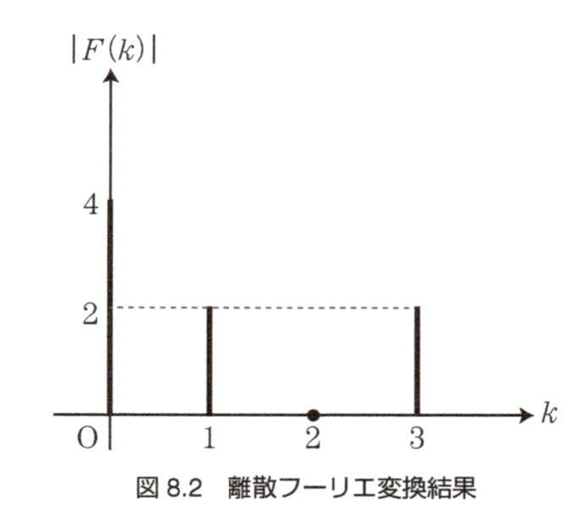

図 8.2　離散フーリエ変換結果

8.2　離散フーリエ変換の行列表現

離散的な信号 $f(n)$ $(n = 0, 1, 2, ..., N-1)$ と，その離散フーリエ変換 $F(k)$ $(k = 0, 1, 2, ..., N-1)$ を構成する要素を並べて，それぞれ $N \times 1$ 行列で表現すると，

$$\boldsymbol{f} = \begin{bmatrix} f(0) \\ f(1) \\ \vdots \\ f(N-1) \end{bmatrix} \tag{8.6}$$

$$\boldsymbol{F} = \begin{bmatrix} F(0) \\ F(1) \\ \vdots \\ F(N-1) \end{bmatrix} \tag{8.7}$$

と書ける．式(8.4)，式(8.5)の関係式から，両者の間には以下の関係が成り立つ．式(8.4)より離散フーリエ変換は式(8.8)で表される．

$$\boldsymbol{F} = \boldsymbol{M}_N{}^* \boldsymbol{f} \tag{8.8}$$

また，式(8.5)より逆離散フーリエ変換は式(8.9)で表される．

$$\boldsymbol{f} = \frac{1}{N} \boldsymbol{M}_N \boldsymbol{F} \tag{8.9}$$

ただし，

$$\boldsymbol{M}_N = \begin{bmatrix} 1 & 1 & 1 & \cdots & 1 \\ 1 & W_N & W_N{}^2 & \cdots & W_N{}^{N-1} \\ 1 & W_N{}^2 & W_N{}^4 & \cdots & W_N{}^{2(N-1)} \\ \vdots & \vdots & \vdots & \ddots & \vdots \\ 1 & W_N{}^{N-1} & W_N{}^{2(N-1)} & \cdots & W_N{}^{(N-1)^2} \end{bmatrix} \tag{8.10}$$

であり，行列 $\boldsymbol{M}_N{}^*$ の各要素は，行列 $\boldsymbol{M}_N$ の各要素の複素共役である．

例題 8.2

例題 8.1 の離散フーリエ変換を，式(8.8)，(8.10)を用いて求めよ．

答

$$W_N = \mathrm{e}^{j\frac{\pi}{2}} = j$$

だから，式(8.10)の行列は以下のようになる．

$$\boldsymbol{M}_N = \begin{bmatrix} 1 & 1 & 1 & 1 \\ 1 & j & -1 & -j \\ 1 & -1 & 1 & -1 \\ 1 & -j & -1 & j \end{bmatrix}$$

また，

$$\boldsymbol{f} = \begin{bmatrix} 1 \\ 2 \\ 1 \\ 0 \end{bmatrix}$$

だから，式(8.8)に代入すると，

$$\boldsymbol{F} = \begin{bmatrix} 1 & 1 & 1 & 1 \\ 1 & -j & -1 & j \\ 1 & -1 & 1 & -1 \\ 1 & j & -1 & -j \end{bmatrix} \begin{bmatrix} 1 \\ 2 \\ 1 \\ 0 \end{bmatrix} = \begin{bmatrix} 4 \\ -j2 \\ 0 \\ j2 \end{bmatrix}$$

が得られる． ■

8.3 離散フーリエ変換の性質

以下，離散フーリエ変換の性質について学ぼう．なお，関数$f(t)$を離散化した信号の集合あるいは信号列を $\{f(n)\}$ と表す．

① 線形性

2つの離散信号列 $\{f_1(n)\}$，$\{f_2(n)\}$ の離散フーリエ変換が，それぞれ $\{F_1(k)\}$，$\{F_2(k)\}$ で与えられるとき，2つの離散信号列の線形和で作られる信号列 $\{c_1 f_1(n) + c_2 f_2(n)\}$ (c_1，c_2 は定数)の離散フーリエ変換は，$\{c_1 F_1(k) + c_2 F_2(k)\}$ となる．このことを**離散フーリエ変換の線形性**という．

このことは以下のようにして求められる．

式(8.8)より，

$$\boldsymbol{F}_1 = \boldsymbol{M}_N{}^* \boldsymbol{f}_1,\ \ \boldsymbol{F}_2 = \boldsymbol{M}_N{}^* \boldsymbol{f}_2$$

よって，

$$\boldsymbol{M}_N{}^* (c_1 \boldsymbol{f}_1 + c_2 \boldsymbol{f}_2) = c_1 \boldsymbol{M}_N{}^* \boldsymbol{f}_1 + c_2 \boldsymbol{M}_N{}^* \boldsymbol{f}_2 = c_1 \boldsymbol{F}_1 + c_2 \boldsymbol{F}_2$$

から，信号列 $\{c_1 f_1(n) + c_2 f_2(n)\}$ (c_1，c_2 は定数)の離散フーリエ変換は，$\{c_1 F_1(k) + c_2 F_2(k)\}$ であることが証明できる．

② **対称性**

離散信号列 $\{f(n)\}$ の離散フーリエ変換が $\{F(k)\}$ のとき，信号列 $\left\{\dfrac{F(n)}{N}\right\}$ の離散フーリエ変換は $\{f(-k)\}$ となる．この性質を**離散フーリエ変換の対称性**という．

このことは，以下のようにして導き出せる．

式(8.5)の n を $-n$ でおき換えると，

$$f(-n) = \frac{1}{N}\sum_{k=0}^{N-1} F(k)\, W_N{}^{-nk} \quad (n = 0, 1, 2, \ldots, N-1) \tag{8.10}$$

と表すことができ，さらに n と k を入れ換えると

$$f(-k) = \frac{1}{N}\sum_{n=0}^{N-1} F(n)\, W_N{}^{-nk} = \sum_{n=0}^{N-1} \frac{F(n)}{N} W_N{}^{-nk}$$

である．よって，信号列 $\left\{\dfrac{F(n)}{N}\right\}$ の離散フーリエ変換が $\{f(-k)\}$ となることが証明された．

③ **時間推移**

標本化周期 T_s，周期 NT_s の連続信号 $f(t)$ をサンプリング間隔 mT_s だけ時間軸上で移動させた信号 $g(t)$ を考える(これを**時間推移**と呼ぶ)．信号列 $\{f(n)\}$ に対する離散フーリエ変換が $\{F(k)\}$ であるとき，信号列 $\{g(n)\}$ に対する離散フーリエ変換 $\{G(k)\}$ は，以下で与えられる．

$$G(k) = W_N{}^{-km} F(k)$$

このことは計算で確かめられる．

$$\begin{aligned} G(k) &= \sum_{n=0}^{N-1} g(n)\, W_N{}^{-nk} \\ &= g(0)\, W_N{}^{0} + g(1)\, W_N{}^{-k} + g(2)\, W_N{}^{-2k} + \cdots + g(N-1)\, W_N{}^{-(N-1)k} \\ &= f(-m)\, W_N{}^{0} + f(-m+1)\, W_N{}^{-k} + f(-m+2)\, W_N{}^{-2k} + \cdots \\ &\quad + f(-m+N-1)\, W_N{}^{-(N-1)k} \end{aligned}$$

$$\begin{aligned}&= f(N-m)W_N{}^0 + f(N-m+1)W_N{}^{-k} + f(N-m+2)W_N{}^{-2k} + \cdots \\ &\quad + f(N-1)W_N{}^{-(m-1)k} + f(0)W_N{}^{-mk} + f(1)W_N{}^{-(m+1)k} + \cdots \\ &\quad + f(N-m-1)W_N{}^{-(N-1)k} \\ &= \sum_{n=0}^{N-1} f(n)W_N{}^{-(n+m)k} = W_N{}^{-mk}\sum_{n=0}^{N-1} f(n)W_N{}^{-nk} = W_N{}^{-mk}F(k)\end{aligned}$$

ここで，信号列 $\{f(n)\}$ には N 点ごとに周期性があることを利用した．

④ 周波数推移

離散信号列 $\{f(n)\}$ の離散フーリエ変換が $\{F(k)\}$ のとき，$\{F(k)\}$ を周波数軸上で m だけシフトした $\{F(k-m)\}$ (**周波数推移**と呼ぶ) の逆離散フーリエ変換は $f(n)W_N{}^{mn}$ で与えられる．

式(8.4)の k を $k-m$ とおき換えると，

$$F(k-m) = \sum_{n=0}^{N-1} f(n)W_N{}^{-n(k-m)} = \sum_{n=0}^{N-1} [f(n)W_N{}^{nm}]W_N{}^{-nk}$$

よって，$\{F(k-m)\}$ の逆離散フーリエ変換は $f(n)W_N{}^{mn}$ で与えられることがわかる．

例題 8.3

周期関数 $f(t) = 1 + \sin\left(\frac{2\pi}{T}t\right)$ を，一定の標本化周期 $T_s = \frac{T}{N}$ (N は正の整数) で標本化したとき得られる離散的な信号列 $f(n)$ は以下の通りとなる．

$$f(n) = 1 + \sin\left(\frac{2\pi}{T}nT_s\right)$$

$N=8$ のときこの信号列 $\{f_n\}$ の離散フーリエ変換を求めよ．

答

式(8.4)を用いて計算する．

$$F(k) = \sum_{n=0}^{N-1} f(n)W_N{}^{-nk}$$

ただし，$W_N = e^{j\frac{2\pi}{N}}$ である．

$$W_N = e^{j\frac{2\pi}{N}} = e^{j\frac{2\pi}{8}} = e^{j\frac{\pi}{4}} = \frac{1}{\sqrt{2}}(1+j)$$

よって，

$$F(k)=\sum_{n=0}^{N-1}\left(1+\sin\left(n\frac{\pi}{4}\right)\right)e^{-j\frac{\pi}{4}nk}$$

$$=\sum_{n=0}^{7}\left(1+\frac{e^{jn\frac{\pi}{4}}-e^{-jn\frac{\pi}{4}}}{j2}\right)e^{-j\frac{\pi}{4}nk}=\sum_{n=0}^{7}\left(e^{-j\frac{\pi}{4}nk}+\frac{e^{j\frac{\pi}{4}n(1-k)}-e^{-j\frac{\pi}{4}n(1+k)}}{j2}\right)$$

① $k=0$ の場合，

$$F(0)=\sum_{n=0}^{7}\left(1+\frac{e^{jn\frac{\pi}{4}}-e^{-jn\frac{\pi}{4}}}{j2}\right)=8+\frac{1}{j2}\left(\frac{1-e^{j2\pi}}{1-e^{j\frac{\pi}{4}}}-\frac{1-e^{-j2\pi}}{1-e^{-j\frac{\pi}{4}}}\right)=8$$

② $k=1$ の場合，

$$F(1)=\sum_{n=0}^{7}\left(e^{-jn\frac{\pi}{4}}+\frac{1-e^{-jn\frac{\pi}{2}}}{j2}\right)=\frac{1-e^{-j2\pi}}{1-e^{-j\frac{\pi}{4}}}+\frac{1}{j2}\left(8-\frac{1-e^{-j4\pi}}{1-e^{-j\frac{\pi}{2}}}\right)=-j4$$

③ $k=2$ の場合，

$$F(2)=\sum_{n=0}^{7}\left(e^{-jn\frac{\pi}{2}}+\frac{e^{-jn\frac{\pi}{4}}-e^{-jn\frac{3\pi}{4}}}{j2}\right)$$

$$=\frac{1-e^{-j4\pi}}{1-e^{-j\frac{\pi}{2}}}+\frac{1}{j2}\left(\frac{1-e^{-j2\pi}}{1-e^{-j\frac{\pi}{4}}}-\frac{1-e^{-j6\pi}}{1-e^{-j\frac{3\pi}{4}}}\right)=0$$

④ $k=3$ の場合，

$$F(3)=\sum_{n=0}^{7}\left(e^{-jn\frac{3\pi}{4}}+\frac{e^{-jn\frac{\pi}{2}}-e^{-jn\pi}}{j2}\right)$$

$$=\frac{1-e^{-j6\pi}}{1-e^{-j\frac{3\pi}{4}}}+\frac{1}{j2}\left(\frac{1-e^{-j4\pi}}{1-e^{-j\frac{\pi}{2}}}-\frac{1-e^{-j8\pi}}{1-e^{-j\pi}}\right)=0$$

⑤ $k=4$ の場合，

$$F(4)=\sum_{n=0}^{7}\left(e^{-jn\pi}+\frac{e^{-jn\frac{3\pi}{4}}-e^{-jn\frac{5\pi}{4}}}{j2}\right)$$

$$=\frac{1-e^{-j8\pi}}{1-e^{-j\pi}}+\frac{1}{j2}\left(\frac{1-e^{-j6\pi}}{1-e^{-j\frac{3\pi}{4}}}-\frac{1-e^{-j10\pi}}{1-e^{-j\frac{5\pi}{4}}}\right)=0$$

⑥ $k=5$ の場合，

$$F(5)=\sum_{n=0}^{7}\left(e^{-jn\frac{5\pi}{4}}+\frac{e^{-jn\pi}-e^{-jn\frac{3\pi}{2}}}{j2}\right)$$

$$=\frac{1-e^{-j10\pi}}{1-e^{-j\frac{5\pi}{4}}}+\frac{1}{j2}\left(\frac{1-e^{-j8\pi}}{1-e^{-j\pi}}-\frac{1-e^{-j12\pi}}{1-e^{-j\frac{3\pi}{2}}}\right)=0$$

⑦　$k=6$ の場合，

$$F(6)=\sum_{n=0}^{7}\left(\mathrm{e}^{-jn\frac{3\pi}{2}}+\frac{\mathrm{e}^{-jn\frac{5\pi}{4}}-\mathrm{e}^{-jn\frac{7\pi}{4}}}{j2}\right)$$

$$=\frac{1-\mathrm{e}^{-j12\pi}}{1-\mathrm{e}^{-j\frac{3\pi}{2}}}+\frac{1}{j2}\left(\frac{1-\mathrm{e}^{-j10\pi}}{1-\mathrm{e}^{-j\frac{5\pi}{4}}}-\frac{1-\mathrm{e}^{-j14\pi}}{1-\mathrm{e}^{-j\frac{7\pi}{4}}}\right)=0$$

⑧　$k=7$ の場合，

$$F(7)=\sum_{n=0}^{7}\left(\mathrm{e}^{-jn\frac{7\pi}{4}}+\frac{\mathrm{e}^{-jn\frac{3\pi}{2}}-\mathrm{e}^{-j2n\pi}}{j2}\right)$$

$$=\frac{1-\mathrm{e}^{-j14\pi}}{1-\mathrm{e}^{-j\frac{7\pi}{4}}}+\frac{1}{j2}\left(\frac{1-\mathrm{e}^{-j12\pi}}{1-\mathrm{e}^{-j\frac{3\pi}{2}}}-8\right)=j4$$

■

例題 8.4

例題 8.3 の問題を，式(8.8)，式(8.10)を用いて解け．

答

$$W_N=\mathrm{e}^{j\frac{\pi}{4}}$$

だから，式(8.10)は

$$\boldsymbol{M}_N=\begin{bmatrix}
1 & 1 & 1 & 1 & 1 & 1 & 1 & 1\\
1 & \mathrm{e}^{j\frac{\pi}{4}} & \mathrm{e}^{j\frac{\pi}{2}} & \mathrm{e}^{j\frac{3\pi}{4}} & \mathrm{e}^{j\pi} & \mathrm{e}^{j\frac{5\pi}{4}} & \mathrm{e}^{j\frac{3\pi}{2}} & \mathrm{e}^{j\frac{7\pi}{4}}\\
1 & \mathrm{e}^{j\frac{\pi}{2}} & \mathrm{e}^{j\pi} & \mathrm{e}^{j\frac{3\pi}{2}} & 1 & \mathrm{e}^{j\frac{\pi}{2}} & \mathrm{e}^{j\pi} & \mathrm{e}^{j\frac{3\pi}{2}}\\
1 & \mathrm{e}^{j\frac{3\pi}{4}} & \mathrm{e}^{j\frac{3\pi}{2}} & \mathrm{e}^{j\frac{\pi}{4}} & \mathrm{e}^{j\pi} & \mathrm{e}^{j\frac{7\pi}{4}} & \mathrm{e}^{j\frac{\pi}{2}} & \mathrm{e}^{j\frac{5\pi}{2}}\\
1 & \mathrm{e}^{j\pi} & \mathrm{e}^{j2\pi} & \mathrm{e}^{j\pi} & \mathrm{e}^{j2\pi} & \mathrm{e}^{j\pi} & \mathrm{e}^{j2\pi} & \mathrm{e}^{j\pi}\\
1 & \mathrm{e}^{j\frac{5\pi}{4}} & \mathrm{e}^{j\frac{\pi}{2}} & \mathrm{e}^{j\frac{7\pi}{4}} & \mathrm{e}^{j\pi} & \mathrm{e}^{j\frac{\pi}{4}} & \mathrm{e}^{j\frac{3\pi}{2}} & \mathrm{e}^{j\frac{3\pi}{4}}\\
1 & \mathrm{e}^{j\frac{3\pi}{2}} & \mathrm{e}^{j\pi} & \mathrm{e}^{j\frac{\pi}{2}} & 1 & \mathrm{e}^{j\frac{3}{2}\pi} & \mathrm{e}^{j\pi} & \mathrm{e}^{j\frac{\pi}{2}}\\
1 & \mathrm{e}^{j\frac{7\pi}{4}} & \mathrm{e}^{j\frac{3\pi}{2}} & \mathrm{e}^{j\frac{5\pi}{4}} & \mathrm{e}^{j\pi} & \mathrm{e}^{j\frac{3\pi}{4}} & \mathrm{e}^{j\frac{\pi}{2}} & \mathrm{e}^{j\frac{\pi}{4}}
\end{bmatrix}$$

となる．また，

$$
\boldsymbol{f}=\begin{bmatrix} 1 \\ 1+\dfrac{1}{\sqrt{2}} \\ 2 \\ 1+\dfrac{1}{\sqrt{2}} \\ 1 \\ 1-\dfrac{1}{\sqrt{2}} \\ 0 \\ 1-\dfrac{1}{\sqrt{2}} \end{bmatrix}
$$

$$
\boldsymbol{F}=\boldsymbol{M}_N{}^{*}\boldsymbol{f}
$$

$$
=\begin{bmatrix}
1 & 1 & 1 & 1 & 1 & 1 & 1 & 1 \\
1 & e^{-j\frac{\pi}{4}} & e^{-j\frac{\pi}{2}} & e^{-j\frac{3\pi}{4}} & e^{-j\pi} & e^{-j\frac{5\pi}{4}} & e^{-j\frac{3\pi}{2}} & e^{-j\frac{7\pi}{4}} \\
1 & e^{-j\frac{\pi}{2}} & e^{-j\pi} & e^{-j\frac{3\pi}{2}} & 1 & e^{-j\frac{\pi}{2}} & e^{-j\pi} & e^{-j\frac{3\pi}{2}} \\
1 & e^{-j\frac{3\pi}{4}} & e^{-j\frac{3\pi}{2}} & e^{-j\frac{\pi}{4}} & e^{-j\pi} & e^{-j\frac{7\pi}{4}} & e^{-j\frac{\pi}{2}} & e^{-j\frac{5\pi}{2}} \\
1 & e^{-j\pi} & e^{-j2\pi} & e^{-j\pi} & e^{-j2\pi} & e^{-j\pi} & e^{-j2\pi} & e^{-j\pi} \\
1 & e^{-j\frac{5\pi}{4}} & e^{-j\frac{\pi}{2}} & e^{-j\frac{7\pi}{4}} & e^{-j\pi} & e^{-j\frac{\pi}{4}} & e^{-j\frac{3\pi}{2}} & e^{-j\frac{3\pi}{4}} \\
1 & e^{-j\frac{3\pi}{2}} & e^{-j\pi} & e^{-j\frac{\pi}{2}} & 1 & e^{-j\frac{3}{2}\pi} & e^{-j\pi} & e^{-j\frac{\pi}{2}} \\
1 & e^{-j\frac{7\pi}{4}} & e^{-j\frac{3\pi}{2}} & e^{-j\frac{5\pi}{4}} & e^{-j\pi} & e^{-j\frac{3\pi}{4}} & e^{-j\frac{\pi}{2}} & e^{-j\frac{\pi}{4}}
\end{bmatrix}
\begin{bmatrix} 1 \\ 1+\dfrac{1}{\sqrt{2}} \\ 2 \\ 1+\dfrac{1}{\sqrt{2}} \\ 1 \\ 1-\dfrac{1}{\sqrt{2}} \\ 0 \\ 1-\dfrac{1}{\sqrt{2}} \end{bmatrix}
$$

$$
=\begin{bmatrix} 8 \\ -j4 \\ 0 \\ 0 \\ 0 \\ 0 \\ 0 \\ j4 \end{bmatrix}
$$

■

8.4 窓関数

離散フーリエ変換の基本として，連続的な周期信号に対して周期の整数分の

1の標本化周期で標本化していた．この場合，事前に入力信号の周期が正確にわからないといけないことになる．

現実の標本化においては，周期が不明な信号を扱うことが一般的であるため，任意の区間を抜きとる作用を施した後に，その時間波形を標本化し，離散フーリエ変換が行われる．

この任意の時間を抜きとるための時間関数として**時間窓**と呼ぶ**窓関数** $w(t)$ を選び，入力信号 $f(t)$ に乗ずる．この窓関数としては，標本化区間の両端で急峻な変化が生じないような関数を選択する．表8.1によく用いられる時間窓の名称と窓関数を示す．また，その形状の差を比べるため，図8.3に関数形状を示したので参考としてほしい．なお，窓関数を乗ずると，実際の信号から変化し，その変化した信号をフーリエ変換していることに注意すること．

また，窓関数の時間範囲は，求めたい周波数成分が抽出できるように，基本周波数 f_0 に対して $|t| > \dfrac{1}{f_0}$ とする必要がある．

表8.1　時間窓と窓関数

時間窓の名称	窓関数 $w(t)$　$\left(\left\|\dfrac{t}{T}\right\| \leq 1\right)$
方形窓	1
ハミング窓	$0.54 + 0.46\cos\left(2\pi\dfrac{t}{T}\right)$
ハニング窓	$0.5 + 0.5\cos\left(2\pi\dfrac{t}{T}\right)$

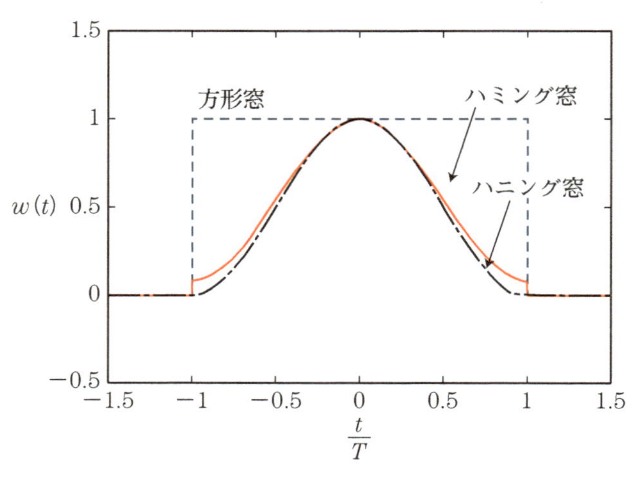

図8.3　窓関数の比較

展開

問題 8.1 周期関数 $f(t) = 1 + \cos\left(\frac{2\pi}{T}t\right)$ を，一定の標本化周期 $T_s = \frac{T}{4}$ で標本化したとき得られる離散的な信号列 $\{f(n)\}$ および離散フーリエ変換を求めよ．

問題 8.2 以下の周期 T の周期関数を，一定の標本化周期 $T_s = \frac{T}{4}$ で標本化した信号列の離散フーリエ変換を求めよ．

(1) $f(t) = 1 + \cos\left(\frac{2\pi}{T}t\right) + \sin\left(\frac{2\pi}{T}t\right)$

(2) $g(t) = 1 + \cos\left(\frac{2\pi}{T}t - \frac{\pi}{2}\right) + \sin\left(\frac{2\pi}{T}t - \frac{\pi}{2}\right)$

問題 8.3 問題 8.2 の結果から，時間推移の関係式が成り立つことを確認せよ．

9　離散フーリエ変換の解析例：高速フーリエ変換

要点

1. 離散フーリエ変換の標本化数が2のべき乗の場合，離散数列の偶数列と奇数列に分けたとき，以下の関係式が成り立つ．

$$F(k) = F_0(k) + (W_N{}^k)^* F_1(k)$$

$$F(k+K) = F_0(k) - (W_N{}^k)^* F_1(k)$$

2. 1. の関係式を用いることによって，演算量が削減できる．

準備

1. 離散フーリエ変換の数式を偶数項と奇数項に分けてみよ．
2. 偶数項と奇数項それぞれの行列を求めてみよ．

第9章で，離散フーリエ変換の基本を学んだが，標本化数が2のべき乗となる条件に設定した場合には，離散フーリエ変換の演算の対称性を利用して演算数を削減することにより高速化できる手法，すなわち**高速フーリエ変換**(Fast Fourier Transform，FFT)が考案されている．以下，その手法の基本について説明する．

9.1　第1段時間分割(前半)

まず離散フーリエ変換の標本点Nを2のべき乗($N = 2^p$)と仮定し，$K = \dfrac{N}{2}$とおく．N個の離散的な信号$f(n)$ ($n = 0, 1, 2, \ldots, N-1$)を成分とする$N \times 1$行列のうち，偶数番目のみで形成される$K \times 1$行列$\boldsymbol{f}_0$と，奇数番目のみで形成される$K \times 1$行列$\boldsymbol{f}_1$とに分割する．この様子を図9.1に示す．

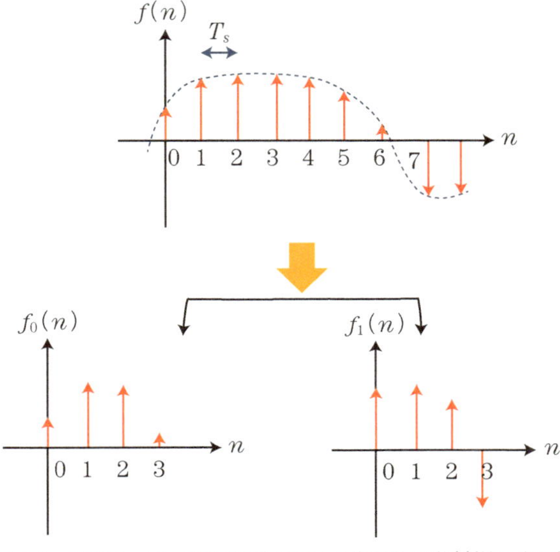

図 9.1　高速フーリエ変換の偶数標本と奇数標本の分割（第 1 段目）

すると，

$$
\boldsymbol{f}_0 = \begin{bmatrix} f(0) \\ f(2) \\ \vdots \\ f(N-2) \end{bmatrix}
$$

$$
\boldsymbol{f}_1 = \begin{bmatrix} f(1) \\ f(3) \\ \vdots \\ f(N-1) \end{bmatrix} \tag{9.1}
$$

となる．

$\boldsymbol{f}_0$ と $\boldsymbol{f}_1$ の第 i 番目の成分をそれぞれ $f_0(i)$，$f_1(i)$ と表す．まず，式(8.4)の離散フーリエ変換の数式は以下のように変形できる．

$$
F(k) = \sum_{n=0}^{N-1} f(n)\,(W_N{}^{kn})^* = \sum_{i=0}^{K-1} f(2i)\,(W_N{}^{k(2i)})^* + \sum_{i=0}^{K-1} f(2i+1)\,(W_N{}^{k(2i+1)})^*
$$

ここで，$W_N = \mathrm{e}^{j\frac{2\pi}{N}}$ であり，

$$
(W_N)^{2ki} = \left(\mathrm{e}^{j\frac{2\pi}{N}}\right)^{2ki} = \left(\mathrm{e}^{j\frac{2\pi}{N/2}}\right)^{ki} = (W_{N/2})^{ki}
$$

となるので，

$$F(k)=\sum_{i=0}^{K-1} f_0(i)\,(W_{N/2}{}^{ki})^*+(W_N{}^{k})^*\sum_{i=0}^{K-1} f_1(i)\,(W_{N/2}{}^{ki})^* \tag{9.2}$$

となる．式(9.2)の第1項は偶数番目数列$f_0(i)=f(2i)$，右辺第2項のΣ以降は奇数番目数列$f_1(i)=f(2i+1)$の離散フーリエ変換を表すので，それぞれ偶数番目数列$F_0(k)$，$F_1(k)$と表現すると，

$$F(k)=F_0(k)+(W_N{}^{k})^*F_1(k) \tag{9.3}$$

と表現できる．

9.2 第1段時間分割(後半)

式(9.3)はもとのデータ数Nの半分Kで計算されているので，$k=0,1,2,\ldots,K-1$である．データ数Nに対して離散フーリエ変換のデータ数もNとなるから，残り半分のデータ$(K, K+1, \ldots, N)$を考えよう．

式(9.2)のkに$k+K$を代入すると，

$$F(k+K)=\sum_{i=0}^{K-1} f_0(i)\,(W_{N/2}{}^{(k+K)i})^*+(W_N{}^{(k+K)})^*\sum_{i=0}^{K-1} f_1(i)\,(W_{N/2}{}^{(k+K)i})^* \tag{9.4}$$

となる．ここで，

$$W_{N/2}{}^{(k+K)i}=W_K{}^{ki}\cdot W_K{}^{Ki}=W_K{}^{ki}\cdot\left(\mathrm{e}^{j\frac{2\pi}{K}}\right)^{Ki}=W_{N/2}{}^{ki} \tag{9.5}$$

$$W_N{}^{(k+K)}=W_N{}^{k}\cdot W_N{}^{K}=W_N{}^{k}\cdot\left(\mathrm{e}^{j\frac{2\pi}{N}}\right)^{\frac{N}{2}}=-\,W_N{}^{k} \tag{9.6}$$

となるから，式(9.4)に代入すると，

$$\begin{aligned}F(k+K)&=\sum_{i=0}^{K-1} f_0(i)\,(W_{N/2}{}^{ki})^*-(W_N{}^{k})^*\sum_{i=0}^{K-1} f_1(i)\,(W_{N/2}{}^{ki})^*\\&=F_0(k)-(W_N{}^{k})^*F_1(k)\end{aligned} \tag{9.7}$$

となる．式(9.3)，式(9.7)より，N点離散フーリエ変換が$K\left(=\dfrac{N}{2}\right)$点離散フーリエ変換に変形された．離散フーリエ変換の演算の対称性を利用することにより，N点離散フーリエ変換の解析をK点離散フーリエ変換の解析とその加算・乗算で済ませることができるため，演算回数が大きく削減されることになる．

9.3　8点離散フーリエ変換を例にした演算量の削減の確認

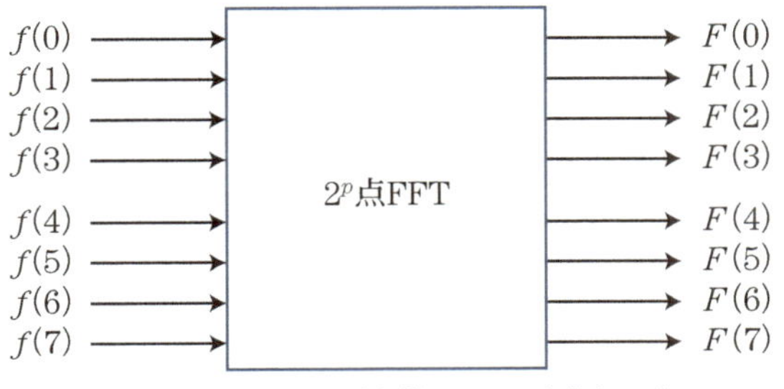

図 9.2　N点($\boldsymbol{N}=8$)離散フーリエ変換(DFT)

もう少し具体的に説明するため，$N=8$ を例に述べていく．そのモデルを図 9.2 に示す．

① **第1段目時間分割**

式(9.3)，式(9.7)に $N=8$，$K=\dfrac{N}{2}=4$ を代入すると，

$$
\begin{aligned}
F(k) &= \sum_{n=0}^{7} f(n)\,(W_8{}^{kn})^* \\
&= \sum_{i=0}^{3} f_0(i)\,(W_4{}^{ki})^* + (W_8{}^{k})^* \sum_{i=0}^{3} f_1(i)\,(W_4{}^{ki})^* \\
&= F_0(k) + (W_8{}^{k})^* F_1(k) \quad (k=0,\ 1,\ 2,\ 3)
\end{aligned}
\tag{9.8}
$$

$$
\begin{aligned}
F(k+4) &= \sum_{i=0}^{3} f_0(i)\,(W_4{}^{ki})^* - (W_8{}^{k})^* \sum_{i=0}^{3} f_1(i)\,(W_4{}^{ki})^* \\
&= F_0(k) - (W_8{}^{k})^* F_1(k) \quad (k=0,\ 1,\ 2,\ 3)
\end{aligned}
\tag{9.9}
$$

となる．式(9.8)，式(9.9)の構成を図 9.3 に示した．ただし，本節では記述を簡単にするため，$W_8{}^*$ を W で表している．

② **第2段目時間分割**

第1段目時間分割でも演算数が減らせているが，N が2のべき乗であるため，さらに時間分割を重ねることで演算回数を大幅に減らすことができる．

そこで①で求めた，$F_0(k)$，$F_1(k)$ の4点離散フーリエ変換に第1段目と同様の時間分割を適用する．

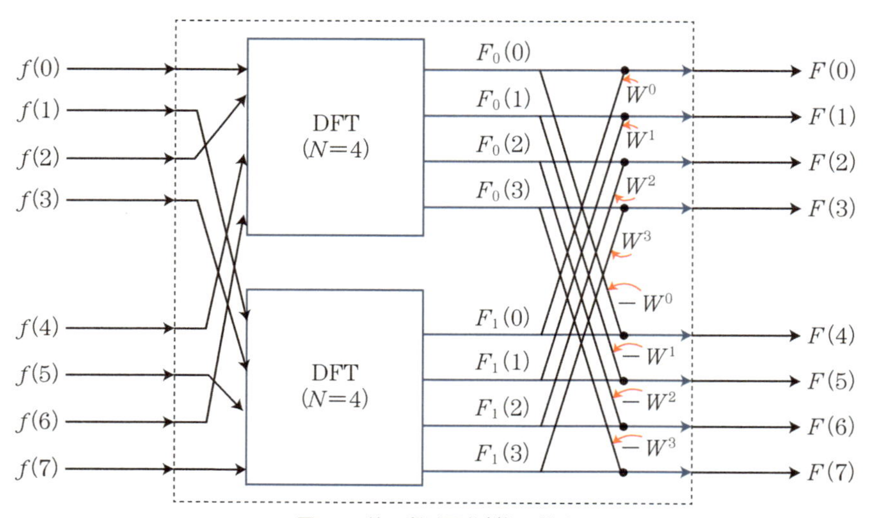

図 9.3　第 1 段時間分割後の構成

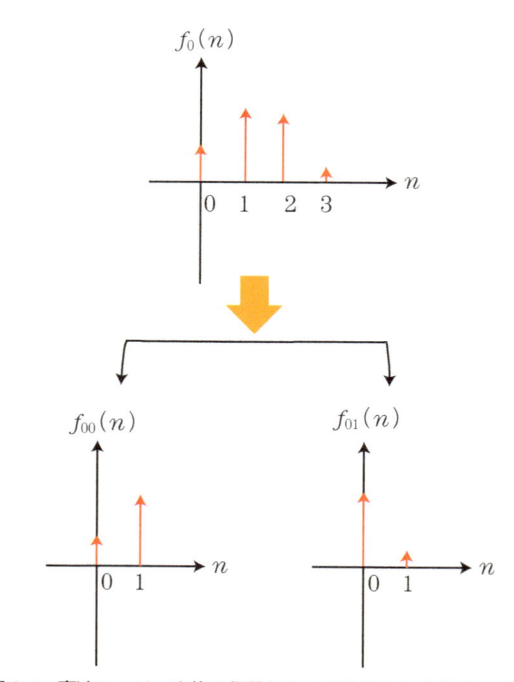

図 9.4　高速フーリエ変換の偶数標本と奇数標本の分割（第 2 段目）

前半では，図 9.4 に示すように，$f_0(i)$，$f_1(i)$ それぞれの偶数番目，奇数番目の信号列に分割し，変形する．

$$F_0(k) = \sum_{i=0}^{3} f_0(i)\,(W_4{}^{ki})^*$$
$$= \sum_{m=0}^{1} f_0(2m)\,(W_4{}^{k(2m)})^* + \sum_{m=0}^{1} f_0(2m+1)\,(W_4{}^{k(2m+1)})^*$$

$f_0(2m) = f_{00}(m) \quad (m = 0, 1)$，$f_0(2m+1) = f_{01}(m) \quad (m = 0, 1)$

とおき，かつ

$$W_4{}^{k(2m)} = \left(e^{j\frac{2\pi}{4}}\right)^{2km} = (e^{j\pi})^{km} = W_2{}^{km}$$

$$W_4{}^{k(2m+1)} = W_4{}^{k(2m)} \cdot W_4{}^{k}$$
$$= W_2{}^{km} \cdot \left(e^{j\frac{2\pi}{4}}\right)^{k}$$
$$= W_2{}^{km} \cdot \left(e^{j\frac{2\pi}{8}}\right)^{2k} = W_2{}^{km} \cdot W_8{}^{2k}$$

だから，

$$F_0(k) = \sum_{m=0}^{1} f_{00}(m)\,(W_2{}^{km})^* + (W_8{}^{2k})^* \sum_{m=0}^{1} f_{01}(m)\,(W_2{}^{km})^*$$
$$= F_{00}(k) + (W_8{}^{2k})^* F_{01}(k) \quad (k = 0, 1) \tag{9.10}$$

同様にして，

$$F_1(k) = \sum_{i=0}^{3} f_1(i)\,(W_4{}^{ki})^*$$
$$= \sum_{m=0}^{1} f_1(2m)\,(W_4{}^{k(2m)})^* + \sum_{m=0}^{1} f_1(2m+1)\,(W_4{}^{k(2m+1)})^*$$

$f_1(2m) = f_{10}(m) \quad (m = 0, 1)$，$f_1(2m+1) = f_{11}(m) \quad (m = 0, 1)$ とおいて，

$$F_1(k) = \sum_{m=0}^{1} f_{10}(m)\,(W_2{}^{km})^* + (W_8{}^{2k})^* \sum_{m=0}^{1} f_{11}(m)\,(W_2{}^{km})^*$$
$$= F_{10}(k) + (W_8{}^{2k})^* F_{11}(k) \quad (k = 0, 1) \tag{9.11}$$

後半では，式(9.10)，式(9.11)の k に $k + \dfrac{N}{4} = k + 2$ を代入して変形する．

$$F_0(k+2) = \sum_{m=0}^{1} f_{00}(m)\,(W_2{}^{(k+2)m})^* + (W_8{}^{2(k+2)})^* \sum_{m=0}^{1} f_{01}(m)\,(W_2{}^{(k+2)m})^*$$

$$W_2{}^{(k+2)m} = W_2{}^{km} \cdot W_2{}^{2m} = W_2{}^{km} \cdot \left(e^{j\frac{2\pi}{2}}\right)^{2m} = W_2{}^{km}$$

$$W_8{}^{2(k+2)} = W_8{}^{2k} \cdot W_8{}^4 = W_8{}^{2k} \cdot \left(e^{j\frac{2\pi}{8}}\right)^4 = - W_8{}^{2k} \qquad (9.12)$$

より，

$$F_0(k+2) = F_{00}(k) - (W_8{}^{2k})^* F_{01}(k) \quad (k = 0,\ 1) \qquad (9.13)$$

$$F_1(k+2) = F_{10}(k) - (W_8{}^{2k})^* F_{11}(k) \quad (k = 0,\ 1) \qquad (9.14)$$

式(9.10)，(9.11)，(9.13)，(9.14)より，8点離散フーリエ変換演算が2点離散フーリエ変換演算に変形できることがわかる．演算の構成を図9.5に示す．

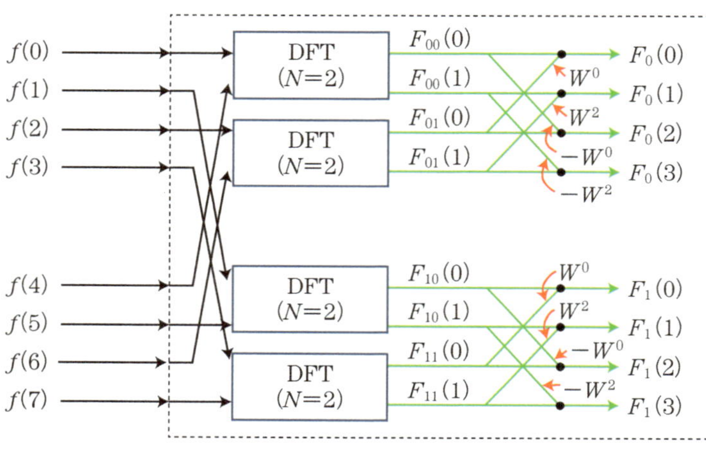

図 9.5　第2段時間分割後の構成

③　第3段目時間分割

第3段目で，2点離散フーリエ変換を入力信号で表現すれば，これ以上の分割はできないので，入力から出力までの演算構成が決定できる．

式(9.10)より，

$$F_{00}(k) = \sum_{m=0}^{1} f_{00}(m)\,(W_2{}^{km})^* = f_{00}(0)\,(W_2{}^0)^* + f_{00}(1)\,(W_2{}^k)^*$$

$$= \begin{cases} f_{00}(0) + f_{00}(1) & (k = 0) \\ f_{00}(0) - f_{00}(1) & (k = 1) \end{cases}$$

$$\therefore F_{00}(0) = f(0) + f(4) \qquad (9.15)$$

$$F_{00}(1) = f(0) - f(4) \qquad (9.16)$$

同様にして，図9.6の構成が得られる．図が蝶のように見えることから，高速フーリエ変換を**バタフライ演算**と呼ぶことがある．

第８章で触れたように，離散フーリエ変換では重みづけ乗算・複素指数関数を含む総和計算が必要であるのに対して，高速フーリエ変換では加算・符号反転の組み合わせで計算できるようになることが大きなメリットである．

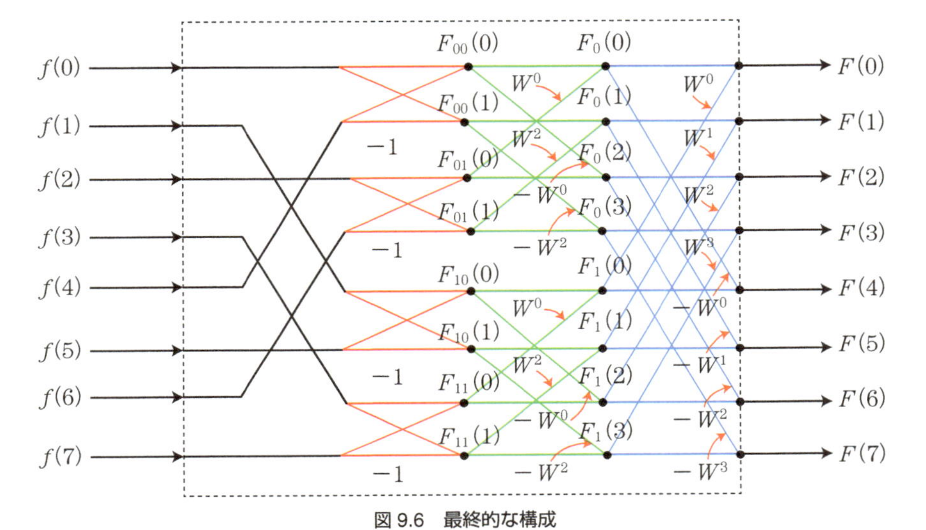

図 9.6　最終的な構成

展開

問題 9.1　４点離散フーリエ変換について，第１段時間分割の前半・後半の関係式を求めよ．

確認事項 II

7章　標本化定理

- □ 標本化定理とは何かが理解できている.
- □ 標本化周期・標本化周波数とは何かが理解できている.
- □ 時間関数をデルタ関数により一定周期で標本化したときの関数を求めることができる.
- □ 標本化した時間関数の周波数スペクトルの形状を理解できている.

8章　デジタル関数のフーリエ解析：離散フーリエ変換の基礎

- □ 離散フーリエ変換とは何かが理解できている.
- □ 離散フーリエ変換・逆離散フーリエ変換が求められる.
- □ さまざまな関数の離散フーリエ変換が求められる.
- □ 離散フーリエ変換を行列で表現できる.
- □ 離散フーリエ変換の基本性質が理解できている.

9章　離散フーリエ変換の解析例：高速フーリエ変換

- □ 離散フーリエ変換の定義式を偶数項と奇数項に分けて表現できる.
- □ 高速フーリエ変換の演算を表現できる.

III
ラプラス変換と z 変換

10 章では，値が時間 0 から変化する関数の解析を扱うラプラス変換について学びます．さまざまな関数についてのラプラス変換の計算や，基本的な性質についても触れていきます．

11 章では，ラプラス変換から時間関数を求める逆ラプラス変換の求め方について学んでいきます．定義式からでなく，もとの関数とラプラス変換との関係を利用して導出する方法の理解を深めます．

12 章では，常微分方程式をラプラス変換することで，より簡単に解に至ることを理解します．11 章で学ぶ逆ラプラス変換の手法を用いることで，解の導出ができる例に触れていきます．

13 章では，部分分数展開ができるラプラス変換の極が実数か虚数か，また実部の符号に応じて解の安定性について場合分けできることを学びます．

14 章では，標本化された関数のラプラス関数，いわゆる z 変換を学びます．z 変換の定義式の導出から，さまざまな関数の z 変換の導出を考えていきます．

15 章では，z 変換からもとの時間関数を求める逆 z 変換について学びます．逆ラプラス変換と同様に部分分数展開から求める方法を理解していきます．線形差分方程式を z 変換することにより，解を求める応用についても触れていきます．

10 時間関数に対する処理：ラプラス変換

要点

1. ラプラス変換の定義式は以下で与えられる.

$$F(s) = \int_0^{\infty} f(t)\,\mathrm{e}^{-st}\mathrm{d}t$$

2. ラプラス変換には，フーリエ変換と同様の線形性や時間軸の推移などの性質がある.

準備

1. 以下の式で表されるユニットステップ関数を，フーリエ変換せよ．解が単純に求められないことを確認せよ.

$$u(t) = \begin{cases} 0 & (t < 0) \\ 1 & (t \geq 0) \end{cases}$$

2. 以下の積分にいろいろな関数$f(t)$を代入して計算してみよ.

$$F(s) = \int_0^{\infty} f(t)\,\mathrm{e}^{-st}\mathrm{d}t$$

フーリエ級数・フーリエ変換は信号の時間領域と周波数領域を関係づけ，偏微分方程式や線形回路の定常解の解析に応用できることを学んできた．現実的には，外部入力に対して線形システムが安定状態に至るまでの一時的な応答(**過渡応答**と呼ぶ)が生じる．その現象の解析に便利なラプラス変換について学んでいこう.

後述するが，図 10.1 に示すようにラプラス変換は常微分方程式の解法として応用可能である.

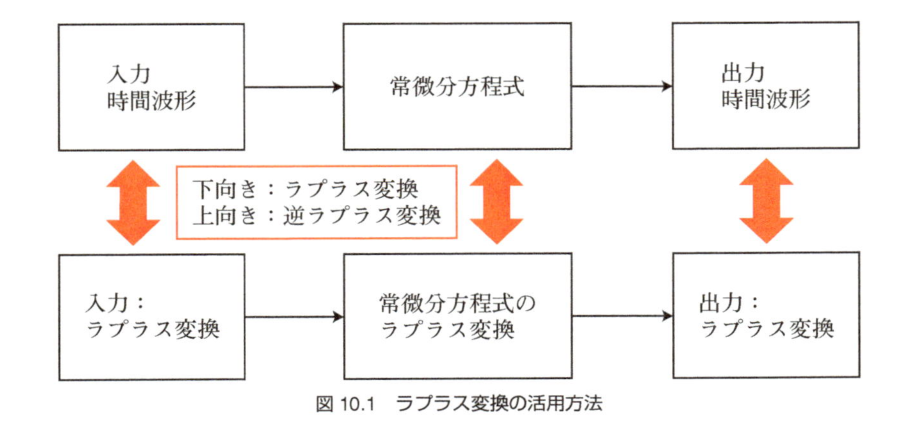

図 10.1　ラプラス変換の活用方法

10.1　ラプラス変換の意義と定義

フーリエ変換においては，時間領域が$-\infty$から∞の範囲(およびフーリエ変換の収束条件を満たす限られた関数)を対象としていた．しかしながら，現実的にはある時間に信号が入力され，過渡状態から安定状態に収束する状態を扱うことも多い．

そこで，単純な例として$t=0$から振幅1となるユニットステップ関数$u(t)$のフーリエ変換を求めてみよう．ユニットステップ関数$u(t)$とは

$$u(t)=\begin{cases}0 & (t<0)\\ 1 & (t\geq 0)\end{cases} \tag{10.1}$$

だから，フーリエ変換は

$$\begin{aligned}\mathscr{F}[u(t)] &= \int_{-\infty}^{\infty} u(t)\,\mathrm{e}^{-j\omega t}\mathrm{d}t\\ &= \int_{0}^{\infty} \mathrm{e}^{-j\omega t}\mathrm{d}t\\ &= \left[-\frac{\mathrm{e}^{-j\omega t}}{j\omega}\right]_0^{\infty} = \left[-\frac{\cos(\omega t)-j\sin(\omega t)}{j\omega}\right]_0^{\infty}\end{aligned} \tag{10.2}$$

となる．三角関数は一定の数値に収束しないため，式(10.2)も収束解をもたない．つまりフーリエ変換が求まらないことになる．

ここで，時間の増加とともに収束する減衰関数e^{-at}を掛けて再度計算してみると，

$$\mathscr{F}[u(t)\,\mathrm{e}^{-at}]=\int_{-\infty}^{\infty}u(t)\,\mathrm{e}^{-at}\mathrm{e}^{-j\omega t}\mathrm{d}t=\int_{-\infty}^{\infty}\mathrm{e}^{-(a+j\omega)t}\mathrm{d}t$$
$$=\left[-\frac{\mathrm{e}^{-(a+j\omega)t}}{a+j\omega}\right]_0^{\infty} \tag{10.3}$$

となる．式(10.3)は，0より大きい実数aを選べば$\dfrac{1}{a+j\omega}$に収束する．このことは，解析上大きな意味をもつ．後述するが，時間範囲$0\leq t<\infty$における上記の演算

$$\int_0^{\infty}f(t)\,\mathrm{e}^{-st}\mathrm{d}t \quad (\text{ただし}\ s=a+j\omega) \tag{10.4}$$

により，微分方程式が代数方程式に変形でき，かつ時間$t=0$から入力される信号に対する応答が解析できるため，入力信号に対する線形システムの過渡解が求まるからである．式(10.4)を**ラプラス変換**と呼び，$\mathcal{L}[f(t)]$ とも記述される．

すなわち，

$$\mathcal{L}[f(t)]=F(s)=\int_0^{\infty}f(t)\,\mathrm{e}^{-st}\mathrm{d}t \tag{10.5}$$

を定義する．また，フーリエ変換と同様に，逆変換を定義することができ，**逆ラプラス変換**と呼ばれる．その数式は以下で与えられる．

$$f(t)=\mathcal{L}^{-1}[F(s)]=\frac{1}{j2\pi}\int_{a-j\infty}^{a+j\infty}F(s)\,\mathrm{e}^{st}\mathrm{d}s \tag{10.6}$$

10.2 ラプラス変換の例

以下，よく用いられるラプラス変換を見ていこう．

① ユニットステップ関数

すでに式(10.3)で計算済みだが，

$$u(t)=\begin{cases}0 & (t<0)\\ 1 & (t\geq 0)\end{cases}$$

に対して式(10.5)を適用すると，

$$F(s) = \int_0^\infty u(t)\,\mathrm{e}^{-st}\mathrm{d}t = \int_0^\infty \mathrm{e}^{-st}\mathrm{d}t = \left[-\frac{\mathrm{e}^{-st}}{s}\right]_0^\infty = \frac{1}{s} \qquad (10.7)$$

となる．ここで，$s = a + j\omega$ の a に適切な数値を用いて積分が収束することを前提とした．以下も同様の前提を用いている．

②　デルタ関数

$$\delta(t) = \begin{cases} \infty & (t = 0) \\ 0 & (t \neq 0) \end{cases}$$

$$\int_0^\infty \delta(t)\,\mathrm{d}t = 1$$

となる $\delta(t)$ に対して，

$$\mathcal{L}[\delta(t)] = \int_0^\infty \delta(t)\,\mathrm{e}^{-st}\mathrm{d}t = \int_0^\infty \delta(t)\,\mathrm{d}t = 1 \qquad (10.8)$$

である．

③　減衰関数

$f(t) = \begin{cases} 0 & (t < 0) \\ \mathrm{e}^{-at} & (t \geq 0) \end{cases}$　(a は定数)に対して，

$$F(s) = \int_0^\infty \mathrm{e}^{-at}\mathrm{e}^{-st}\mathrm{d}t = \left[-\frac{\mathrm{e}^{-(a+s)t}}{a+s}\right]_0^\infty = \frac{1}{s+a} \qquad (10.9)$$

となる．

④　三角関数

$f(t) = \begin{cases} 0 & (t < 0) \\ \cos\omega t & (t \geq 0) \end{cases}$　に対して，

$$\begin{aligned} F(s) &= \int_0^\infty (\cos\omega t)\,\mathrm{e}^{-st}\mathrm{d}t = \int_0^\infty \frac{\mathrm{e}^{j\omega t} + \mathrm{e}^{-j\omega t}}{2}\mathrm{e}^{-st}\mathrm{d}t \\ &= \frac{1}{2}\left[\frac{\mathrm{e}^{(-s+j\omega)t}}{-s+j\omega} + \frac{\mathrm{e}^{(-s-j\omega)t}}{-s-j\omega}\right]_0^\infty \\ &= \frac{1}{2}\left[-\frac{1}{-s+j\omega} - \frac{1}{-s-j\omega}\right] = \frac{s}{s^2+\omega^2} \qquad (10.10) \end{aligned}$$

となる．

⑤　直線

$$f(t)=\begin{cases}0 & (t<0)\\ t & (t\geq 0)\end{cases}$$ に対して，

$$F(s)=\int_0^{\infty} t\mathrm{e}^{-st}\mathrm{d}t=\left[-\frac{t\mathrm{e}^{-st}}{s}\right]_0^{\infty}+\int_0^{\infty}\frac{\mathrm{e}^{-st}}{s}\mathrm{d}t=-\left[\frac{\mathrm{e}^{-st}}{s^2}\right]_0^{\infty}=\frac{1}{s^2}\quad(10.11)$$

となる．

例題 10.1

$$f(t)=\begin{cases}0 & (t<0)\\ \sin\omega t & (t\geq 0)\end{cases}$$ のラプラス変換を求めよ．

答

ラプラス変換の定義式に当てはめて計算する．

$$F(s)=\int_0^{\infty}(\sin\omega t)\,\mathrm{e}^{-st}\mathrm{d}t=\int_0^{\infty}\frac{\mathrm{e}^{j\omega t}-\mathrm{e}^{-j\omega t}}{j2}\mathrm{e}^{-st}\mathrm{d}t$$

$$=\frac{1}{j2}\left[\frac{\mathrm{e}^{(-s+j\omega)t}}{-s+j\omega}-\frac{\mathrm{e}^{(-s-j\omega)t}}{-s-j\omega}\right]_0^{\infty}$$

$$=\frac{1}{j2}\left[-\frac{1}{-s+j\omega}+\frac{1}{-s-j\omega}\right]=\frac{\omega}{s^2+\omega^2}$$

■

例題 10.2

$$f(t)=\begin{cases}0 & (t<0)\\ t^n & (t\geq 0,\ n\text{ は整数})\end{cases}$$ のラプラス変換を求めよ．

答

ラプラス変換の定義式にあてはめて，部分積分を行う．

$$F(s)=\int_0^{\infty}t^n\mathrm{e}^{-st}\mathrm{d}t=\left[-\frac{t^n\mathrm{e}^{-st}}{s}\right]_0^{\infty}-\int_0^{\infty}\left(-\frac{\mathrm{e}^{-st}}{s}\right)nt^{n-1}\mathrm{d}t$$

$$=\frac{n}{s}\int_0^{\infty}t^{n-1}\mathrm{e}^{-st}\mathrm{d}t=\frac{n(n-1)}{s^2}\int_0^{\infty}t^{n-2}\mathrm{e}^{-st}\mathrm{d}t=\cdots=\frac{n!}{s^n}\int_0^{\infty}\mathrm{e}^{-st}\mathrm{d}t$$

$$=\frac{n!}{s^n}\left[-\frac{\mathrm{e}^{-st}}{s}\right]_0^{\infty}=\frac{n!}{s^{n+1}}$$

となる．

■

10.3　ラプラス変換の性質

ラプラス変換の基本的な性質をいくつか挙げていこう．

① **線形性**

2つの関数$f_1(t)$，$f_2(t)$に対して，c_1，c_2を定数とすると，

$$\mathcal{L}[c_1 f_1(t)+c_2 f_2(t)]=c_1\mathcal{L}[f_1(t)]+c_2\mathcal{L}[f_2(t)] \tag{10.12}$$

この関係をラプラス変換の**線形性**という．このことは以下のようにして確かめられる．

ラプラス変換の定義式(10.5)より，

$$\mathcal{L}[f_1(t)]=F_1(s)=\int_0^\infty f_1(t)\,\mathrm{e}^{-st}\mathrm{d}t$$

$$\mathcal{L}[f_2(t)]=F_2(s)=\int_0^\infty f_2(t)\,\mathrm{e}^{-st}\mathrm{d}t$$

である．よって，

$$\begin{aligned}\mathcal{L}[c_1 f_1(t)+c_2 f_2(t)]&=\int_0^\infty [c_1 f_1(t)+c_2 f_2(t)]\,\mathrm{e}^{-st}\mathrm{d}t\\&=c_1\int_0^\infty f_1(t)\,\mathrm{e}^{-st}\mathrm{d}t+c_2\int_0^\infty f_2(t)\,\mathrm{e}^{-st}\mathrm{d}t\\&=c_1\mathcal{L}[f_1(t)]+c_2\mathcal{L}[f_2(t)]\end{aligned}$$

となる．

② **時間軸の推移**

$f(t)$を時間軸上でτだけ移動した関数のラプラス変換は，以下の式で表される．

$$\mathcal{L}[f(t-\tau)]=\mathrm{e}^{-s\tau}\mathcal{L}[f(t)] \qquad (\tau>0) \tag{10.13}$$

式(10.13)は以下のようにして確かめられる．

定義式(10.5)から計算すると，

$$\mathcal{L}[f(t-\tau)]=\int_0^\infty f(t-\tau)\,\mathrm{e}^{-st}\mathrm{d}t \tag{10.14}$$

となる．$t-\tau=t'$と変数変換すると，$\mathrm{d}t=\mathrm{d}t'$であり，積分区間は$-\tau\sim\infty$（た

だし$t' \leqq -\tau \leqq 0$で$f(t')=0$であるので，下限を0にしても差し支えない）なので，

$$式(10.14) = \int_0^\infty f(t')\,\mathrm{e}^{-s(t'+\tau)}\mathrm{d}t' = \mathrm{e}^{-s\tau}\int_0^\infty f(t')\,\mathrm{e}^{-st'}\mathrm{d}t' = \mathrm{e}^{-s\tau}\mathcal{L}[f(t)]$$

となる．

③　像関数の移動

$$\mathcal{L}[\mathrm{e}^{at}f(t)] = F(s-a) \tag{10.15}$$

が成立する．このことは，以下のようにして確かめられる．

式(10.5)から開始する．

$$\mathcal{L}[\mathrm{e}^{at}f(t)] = \int_0^\infty \mathrm{e}^{at}f(t)\,\mathrm{e}^{-st}\mathrm{d}t = \int_0^\infty f(t)\,\mathrm{e}^{-(s-a)t}\mathrm{d}t = F(s-a)$$

となる．

④　時間軸の拡大

$$\mathcal{L}[f(at)] = \frac{1}{a}F\left(\frac{s}{a}\right) \qquad (a>0) \tag{10.16}$$

が成立する．このことは，以下のようにして確かめられる．

式(10.5)より，

$$\mathcal{L}[f(at)] = \int_0^\infty f(at)\,\mathrm{e}^{-st}\mathrm{d}t \tag{10.17}$$

ここで$at=t'$と変数変換すると，$\mathrm{d}t = \dfrac{1}{a}\mathrm{d}t'$であり，積分区間は0〜∞なので，式(10.17)は以下のようになる．

$$\int_0^\infty f(t')\,\mathrm{e}^{-s\frac{t'}{a}}\frac{1}{a}\,\mathrm{d}t = \frac{1}{a}F\left(\frac{s}{a}\right)$$

⑤　微分

関数の微分のラプラス変換は，以下の関係で与えられる．

$$\mathcal{L}[f'(t)] = sF(s) - f(0) \tag{10.18}$$

$$\mathcal{L}[f''(t)] = s^2F(s) - sf(0) - f'(0) \tag{10.19}$$

$$\begin{aligned}\mathcal{L}[f^{(n)}(t)] = s^nF(s) &- s^{n-1}f(0) - s^{n-2}f'(0)\\ &- s^{n-3}f''(0) - \cdots - sf^{(n-2)}(0) - f^{(n-1)}(0)\end{aligned} \tag{10.20}$$

式(10.18)について確認する．定義式(10.5)を用いて計算を進める過程で，部分積分を用いる．

$$\mathcal{L}\,[f(t)]=\int_0^\infty f'(t)\,\mathrm{e}^{-st}\mathrm{d}t=\Big[f(t)\,\mathrm{e}^{-st}\Big]_0^\infty-\int_0^\infty f(t)\,(-s)\,\mathrm{e}^{-st}\mathrm{d}t=sF(s)-f(0)$$

以下同様にして，式(10.19)，(10.20)が証明できる．

⑥　積分

関数の積分のラプラス変換は，以下の関係で与えられる．

$$\mathcal{L}\left[\int_a^t f(\tau)\,\mathrm{d}\tau\right]=\frac{1}{s}\int_a^0 f(t)\,\mathrm{d}t+\frac{1}{s}F(s) \qquad (10.21)$$

式(10.21)を以下のようにして確認する．定義式(10.5)と部分積分を用いて，

$$\begin{aligned}\mathcal{L}\left[\int_a^t f(\tau)\,\mathrm{d}\tau\right]&=\int_0^\infty\left[\int_a^t f(\tau)\,\mathrm{d}\tau\right]\mathrm{e}^{-st}\mathrm{d}t\\&=\left[-\frac{\mathrm{e}^{-st}}{s}\int_a^t f(\tau)\,\mathrm{d}\tau\right]_0^\infty-\int_0^\infty\left(-\frac{\mathrm{e}^{-st}}{s}\right)f(t)\,\mathrm{d}t\\&=\frac{1}{s}\int_a^0 f(t)\,\mathrm{d}t+\frac{1}{s}F(s)\end{aligned}$$

となる．

⑦　畳み込み積分のラプラス変換

畳み込み積分$f_1(t)*f_2(t)$のラプラス変換は，以下の式で与えられる．

$$\mathcal{L}[f_1(t)*f_2(t)]=\mathcal{L}[f_1(t)]\,\mathcal{L}[f_2(t)] \qquad (10.20)$$

定義式(10.5)より，

$$\begin{aligned}\mathcal{L}[f_1(t)*f_2(t)]&=\int_0^\infty\left[\int_{-\infty}^\infty f_1(\tau)f_2(t-\tau)\,\mathrm{d}\tau\right]\mathrm{e}^{-st}\mathrm{d}t\\&=\int_0^\infty f_1(\tau)\left[\int_0^\infty f_2(t-\tau)\,\mathrm{e}^{-st}\mathrm{d}t\right]\mathrm{d}\tau\end{aligned}$$

$t-\tau=t'$ とおいて，$\mathrm{d}t=\mathrm{d}t'$ および$f_2(t')$は $t'<0$ において値が 0 だから，

$$\begin{aligned}\mathcal{L}[f_1(t)*f_2(t)]&=\int_0^\infty f_1(\tau)\left[\int_0^\infty f_2(t')\,\mathrm{e}^{-s(t'+\tau)}\mathrm{d}t'\right]\mathrm{d}\tau\\&=\int_0^\infty f_1(\tau)\,\mathrm{e}^{-s\tau}\mathrm{d}\tau\left[\int_0^\infty f_2(t')\,\mathrm{e}^{-st'}\mathrm{d}t'\right]=\mathcal{L}[f_1(t)]\,\mathcal{L}[f_2(t)]\end{aligned}$$

ここまでに求めたラプラス変換を表 10.1 にまとめておく．

表 10.1　ラプラス変換表（a は定数，$\tau > 0$，n は整数）

$f(t)$	$\mathcal{L}[f(t)]$
$u(t)$	$\dfrac{1}{s}$
t	$\dfrac{1}{s^2}$
e^{-at}	$\dfrac{1}{s+a}$
$t\mathrm{e}^{-at}$	$\dfrac{1}{(s+a)^2}$
t^n	$\dfrac{n!}{s^{n+1}}$
$f'(t)$	$sF(s) - f(0)$
$f''(t)$	$s^2F(s) - sf(0) - f'(0)$
$\displaystyle\int_a^t f(\tau)\,\mathrm{d}\tau$	$\dfrac{1}{s}\displaystyle\int_a^0 f(t)\,\mathrm{d}t + \dfrac{1}{s}F(s)$
$\cos\omega t$	$\dfrac{s}{s^2+\omega^2}$

$f(t)$	$\mathcal{L}[f(t)]$
$\sin\omega t$	$\dfrac{\omega}{s^2+\omega^2}$
$c_1f_1(t) + c_2f_2(t)$	$c_1\,\mathcal{L}[f_1(t)] + c_2\,\mathcal{L}[f_2(t)]$
$f(t-\tau)$	$\mathrm{e}^{-s\tau}F(s)$
$\mathrm{e}^{at}f(t)$	$F(s-a)$
$f(at)$	$\dfrac{1}{a}F\left(\dfrac{s}{a}\right)$
$f^{(n)}(t)$	$s^nF(s) - s^{n-1}f(0) - s^{n-2}f'(0) - s^{n-3}f''(0) - \cdots - sf^{(n-2)}(0) - f^{(n-1)}(0)$
$f_1(t) * f_2(t)$	$\mathcal{L}[f_1(t)]\,\mathcal{L}[f_2(t)]$

展開

以下の問題中，$f(t)$ はいずれも $t < 0$ において値が 0 であるとする．

問題 10.1　以下の関数のラプラス変換を計算せよ．

(1)　$f(t) = t\mathrm{e}^{-at}$

(2)　$f''(t)$　（$f(t)$ は 2 回微分可能な任意の関数）

(3)　$f^{(n)}(t)$　（$f(t)$ は n 回微分可能な任意の関数）

問題 10.2　以下の関数のラプラス変換を計算せよ．

$$f(t) = \frac{t^n}{n!}\mathrm{e}^{-at}$$

問題 10.3　以下の関数のラプラス変換を計算せよ．

$$f(t) = t\sin\omega_0 t$$

11　逆ラプラス変換

要点

1. 逆ラプラス変換は定義式からも求められるが，時間関数とラプラス変換との対応から導出することも多い．
2. 有理関数形状のラプラス変換では，部分分数展開を行った後に時間関数に変換する方法がよくとられる．

準備

1. 留数定理を確認せよ．
2. 部分分数展開の方法を確認せよ．

第 10 章に引き続いて，ラプラス変換から時間関数への変換すなわち逆ラプラス変換について学ぼう．この過程を学ぶことによって，ラプラス変換を用いた微分方程式の解法を使うことができるようになる．

11.1　逆ラプラス変換の定義

第 10 章で触れたように，**逆ラプラス変換**の式は以下で与えられる．

$$f(t) = \mathcal{L}^{-1}[F(s)] = \frac{1}{j2\pi}\int_{a-j\infty}^{a+j\infty} F(s)\,\mathrm{e}^{st}\,\mathrm{d}s \tag{11.1}$$

式(11.1)の積分路 Br(図 11.1)は**ブロムウィッチ・ワグナーの積分路**と呼ばれる．この積分路 Br を含んで円弧 A を加えた閉曲線 C に沿って $F(s)$ を積分すると，C 内に極 $s_0, s_1, \ldots$が存在する場合，留数定理(詳細は複素関数論の本を参照のこと)より，関数 $f(z)$ の特異点 $z=z_0$ における留数を $\mathrm{Res}[f(z), z_0]$ と表して，

$$\int_C F(s)\,\mathrm{e}^{st}\,\mathrm{d}s = j2\pi\sum_i \mathrm{Res}[F(s)\,\mathrm{e}^{st},\ s_i] \tag{11.2}$$

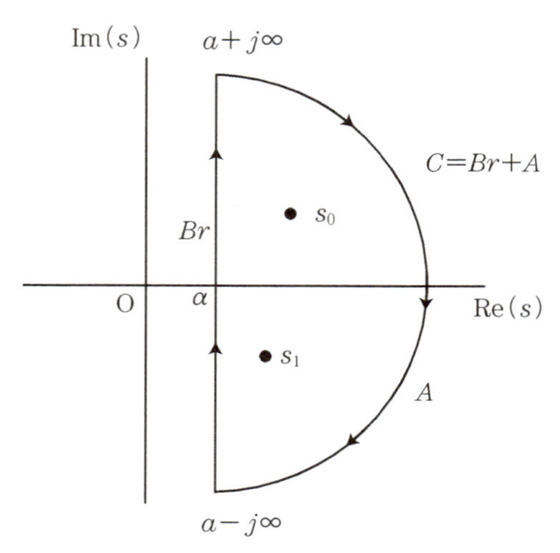

図 11.1 逆ラプラス変換の積分路

ここで，説明は省くが，積分路 A に沿った積分が 0 になることから

$$f(t)=\mathcal{L}^{-1}[F(s)]=\frac{1}{j2\pi}\int_{a-j\infty}^{a+j\infty}F(s)\,\mathrm{e}^{st}\mathrm{d}s=\sum_{i}\mathrm{Res}\ [F(s)\,\mathrm{e}^{st},\ s_i] \quad (11.3)$$

で逆ラプラス変換を求めることができる．ただし，一般的には時間関数とラプラス変換の関係(たとえば表 10.1)と，10.3 節の基本性質をもとに，変換することが多い．

例題 11.1

$$F(s)=\frac{s+a}{(s+a)^2+\omega^2}$$

の逆ラプラス変換を求めよ．

答

$$\mathcal{L}[\cos\omega \mathrm{t}]=\frac{s}{s^2+\omega^2}$$

および像関数の移動の関係より，

$$\mathcal{L}^{-1}\left[\frac{s+a}{(s+a)^2+\omega^2}\right]=\mathrm{e}^{-at}\cos\omega t$$

■

11.2 逆ラプラス変換の計算手法

ラプラス変換が部分分数で表現できる場合は，逆ラプラス変換は留数定理に基づく式(11.3)を用いると簡単に求められる．この場合の逆ラプラス変換の計算の流れを見ていこう．

ラプラス変換 $F(s)$ が以下の部分分数で与えられるとする．

$$F(s)=\frac{c_1}{s-a_1}+\frac{c_2}{s-a_2}+\cdots+\frac{c_n}{s-a_n} \tag{11.4}$$

ここで $a_1, a_2, ..., a_n, c_1, c_2, ..., c_n$ は定数とする．

この式から，1 位の極の留数の考えを用いて，$c_1, c_2, ..., c_n$ が求まる．すなわち，

$$\begin{aligned}&c_1=(s-a_1)F(s)|_{s=a_1},\quad c_2=(s-a_2)F(s)|_{s=a_2},\quad ...,\\&c_n=(s-a_n)F(s)|_{s=a_n}\end{aligned} \tag{11.5}$$

となる．

もし分母が累乗を含むならば，n 位の極の留数の考えを適用して，

$$F(s)=\frac{c_1}{s-a_1}+\frac{c_2}{(s-a_1)^2}+\cdots+\frac{c_n}{(s-a_1)^n} \tag{11.6}$$

に対して，

$$c_1=\frac{1}{(n-1)!}\left[\frac{\mathrm{d}^{n-1}}{\mathrm{d}s^{n-1}}\{(s-a_1)^nF(s)\}\right]_{s=a_1} \tag{11.7}$$

$$c_2=\frac{1}{(n-2)!}\left[\frac{\mathrm{d}^{n-2}}{\mathrm{d}s^{n-2}}\{(s-a_1)^nF(s)\}\right]_{s=a_1} \tag{11.8}$$

以下，順番に微分を繰り返して，

$$c_n=(s-a_1)^nF(s)|_{s=a_1} \tag{11.9}$$

となる．

例題 11.2

関数

$$F(s)=\frac{2s+3}{s^2+3s+2}$$

の逆ラプラス変換を求めよ．

答

分母に着目して因数分解すると，$s^2+3s+2=(s+1)(s+2)$だから，

$$F(s)=\frac{2s+3}{(s+1)(s+2)}=\frac{c_1}{s+1}+\frac{c_2}{s+2}$$

と表される．$s=-1$，-2はそれぞれ1位の極だから，式(11.5)を用いて，

$$c_1=(s+1)F(s)|_{s=-1}=1$$
$$c_2=(s+2)F(s)|_{s=-2}=1$$

以上から，

$$F(s)=\frac{2s+3}{(s+1)(s+2)}=\frac{1}{s+1}+\frac{1}{s+2}$$

となるので，

$$\mathcal{L}^{-1}[F(s)]=\mathrm{e}^{-t}+\mathrm{e}^{-2t}$$

となる． ■

例題 11.3

関数

$$F(s)=\frac{2s}{s^2+2s+1}$$

の逆ラプラス変換を求めよ．

答

分母に着目して因数分解すると，$s^2+2s+1=(s+1)^2$だから，

$$F(s)=\frac{2s}{(s+1)^2}=\frac{c_1}{s+1}+\frac{c_2}{(s+1)^2}$$

$s=-1$は2位の極だから，右辺第1項は式(11.7)を用いて，

$$c_1=\frac{1}{1!}\left[\frac{\mathrm{d}}{\mathrm{d}s}\{(s+1)^2F(s)\}\right]_{s=-1}=2$$

右辺第2項は式(11.8)を用いて，

$$c_2=\left[\frac{1}{0!}\{(s+1)^2F(s)\}\right]_{s=-1}=-2$$

以上から，

$$F(s)=\frac{2s}{(s+1)^2}=\frac{2}{s+1}-\frac{2}{(s+1)^2}$$

となるので，

$$\mathcal{L}^{-1}[F(s)] = 2e^{-t} - 2te^{-t}$$

が得られる． ■

例題 11.4

関数

$$F(s) = \frac{2s}{s^2 + 2s + 2}$$

の逆ラプラス変換を求めよ．

答

分母に着目して因数分解すると，$s^2 + 2s + 2 = \{s - (-1 + j)\}\{s - (-1 - j)\}$ だから，

$$F(s) = \frac{2s}{s^2 + 2s + 2} = \frac{c_1}{s - (-1 + j)} + \frac{c_2}{s - (-1 - j)}$$

と部分分数で表される．

$s = -1 \pm j$ はそれぞれ 1 位の極だから，

$$c_1 = [(s + 1 - j)F(s)]|_{s=-1+j} = \frac{2(-1 + j)}{(-1 + j) - (-1 - j)} = 1 + j$$

$$c_2 = [(s + 1 + j)F(s)]|_{s=-1-j} = \frac{2(-1 - j)}{(-1 - j) - (-1 + j)} = 1 - j$$

$$F(s) = \frac{2s}{s^2 + 2s + 2} = \frac{1 + j}{s + 1 - j} + \frac{1 - j}{s + 1 + j}$$

となるので，

$$\begin{aligned}\mathcal{L}^{-1}[F(s)] &= (1 + j)e^{(-1+j)t} + (1 - j)e^{(-1-j)t} \\ &= e^{-t}\{(e^{jt} + e^{-jt}) + j(e^{jt} - e^{-jt})\} \\ &= 2e^{-t}(\cos t - \sin t) = 2\sqrt{2}\,e^{-t}\cos\left(t + \frac{\pi}{4}\right)\end{aligned}$$

となる． ■

展開

問題 11.1　以下のラプラス変換に対して，逆ラプラス変換を求めよ．

(1)　$F(s) = \dfrac{1}{(s+1)^2}$

(2)　$F(s) = \dfrac{1}{(s-2)^2}$

(3)　$F(s) = \dfrac{1}{(s+1)^3}$

(4)　$F(s) = \dfrac{6}{s^4}$

(5)　$F(s) = \dfrac{1}{(s+3)^4}$

(6)　$F(s) = \dfrac{s}{s^2 + 4\omega^2}$

問題 11.2　以下のラプラス変換に対して，部分分数展開を用いることで逆ラプラス変換を求めよ．

(1)　$F(s) = \dfrac{1}{s^2 - 2s - 3}$

(2)　$F(s) = \dfrac{1}{s^2 + 2s - 1}$

(3)　$F(s) = \dfrac{1}{s^2 - 1}$

(4)　$F(s) = \dfrac{s+1}{(s+2)^2}$

(5)　$F(s) = \dfrac{s+8}{(s-1)(s+2)^2}$

12 ラプラス変換を利用した常微分方程式の解法

要点

1. 線形常微分方程式

$$\frac{\mathrm{d}^n}{\mathrm{d}t^n}f(t) + a_{n-1}\frac{\mathrm{d}^{n-1}}{\mathrm{d}t^{n-1}}f(t) + \cdots + a_2\frac{\mathrm{d}^2}{\mathrm{d}t^2}f(t) + a_1\frac{\mathrm{d}}{\mathrm{d}t}f(t) + a_0 f(t) = g(t)$$

の解法として，ラプラス変換を導入すると，容易に計算が可能である．

2. 部分分数の形状をしたラプラス変換は，留数の定理を用いて解を求めることができる．

準備

1. 微分関数のラプラス変換を確認せよ．
2. 部分分数展開の手法を確認せよ．

本章では，第 10 章，第 11 章で学んだラプラス変換・逆ラプラス変換の応用として常微分方程式への適用をとり上げ，解析の流れを学ぶ．本章により，過渡状態の解析に有効であることがわかるであろう．

12.1 常微分方程式へのラプラス変換の適用

以下の常微分方程式を考える．

$$\frac{\mathrm{d}^n}{\mathrm{d}t^n}f(t) + a_{n-1}\frac{\mathrm{d}^{n-1}}{\mathrm{d}t^{n-1}}f(t) + \cdots + a_2\frac{\mathrm{d}^2}{\mathrm{d}t^2}f(t) + a_1\frac{\mathrm{d}}{\mathrm{d}t}f(t) + a_0 f(t) = g(t) \tag{12.1}$$

ただし，$f(t)$ およびその n 階微分 $(n = 0, 1, 2, \ldots)$ の初期値が与えられていて，$t \geq 0$ での $f(t)$ を求めるものとする．

式 (12.1) の両辺をラプラス変換すると，

$$
\begin{aligned}
&(s^nF(s) - s^{n-1}f(0) - s^{n-2}f'(0) - \cdots - sf^{(n-2)}(0) - f^{(n-1)}(0)) \\
&\quad + a_{n-1}(s^{n-1}F(s) - s^{n-2}f(0) - s^{n-3}f'(0) - \cdots - sf^{(n-3)}(0) - f^{(n-2)}(0)) \\
&\quad + a_{n-2}(s^{n-2}F(s) - s^{n-3}f(0) - s^{n-4}f'(0) - \cdots - sf^{(n-4)}(0) - f^{(n-3)}(0)) \\
&\quad + \cdots + a_1[sF(s) - f(0)] + a_0F(s) = G(s) \qquad (12.2)
\end{aligned}
$$

となる．式(12.2)を s のべき乗ごとに整理し，左辺は $F(s)$ を含む項のみにまとめると，

$$
\begin{aligned}
&(s^nF(s) + a_{n-1}s^{n-1}F(s) + a_{n-2}s^{n-2}F(s) + \cdots + a_1sF(s) + a_0F(s)) \\
&\quad = G(s) + f(0)(s^{n-1} + a_{n-1}s^{n-2} + a_{n-2}s^{n-3} + \cdots + a_1) \\
&\qquad + f'(0)(s^{n-2} + a_{n-2}s^{n-3} + a_{n-3}s^{n-4} + \cdots + a_2) \\
&\qquad + \cdots + f^{(n-2)}(0)(s + a_{n-1}) + f^{(n-1)}(0) \\
&\therefore F(s) = \{G(s) + f(0)(s^{n-1} + a_{n-1}s^{n-2} + a_{n-2}s^{n-3} + \cdots + a_1) \\
&\qquad + f'(0)(s^{n-2} + a_{n-2}s^{n-3} + a_{n-3}s^{n-4} + \cdots + a_2) \\
&\qquad + \cdots + f^{(n-2)}(0)(s + a_{n-1}) + f^{(n-1)}(0)\} \\
&\qquad / (s^n + a_{n-1}s^{n-1} + a_{n-2}s^{n-2} + \cdots + a_1s + a_0) \qquad (12.3)
\end{aligned}
$$

この $F(s)$ を逆ラプラス変換することで，解 $f(t)$ を得ることができる．

例題 12.1

以下の微分方程式から，関数 $f(t)$ のラプラス変換 $F(s)$ を求めよ．

$$\frac{\mathrm{d}}{\mathrm{d}t}f(t) + f(t) = 0$$

答

両辺をラプラス変換すると，

$$sF(s) - f(0) + F(s) = 0$$

なので

$$F(s) = \frac{f(0)}{s+1}$$

となる． ■

例題 12.2

以下の微分方程式から，関数 $f(t)$ のラプラス変換 $F(s)$ を求めよ．

$$\frac{\mathrm{d}^2}{\mathrm{d}t^2}f(t) + 2\frac{\mathrm{d}}{\mathrm{d}t}f(t) + 2f(t) = \mathrm{e}^{-t}$$

答

両辺をラプラス変換する．

$$(s^2F(s) - sf(0) - f'(0)) + 2(sF(s) - f(0)) + 2F(s) = \frac{1}{s+1}$$

$$(s^2 + 2s + 2)F(s) = \frac{1}{s+1} + (s+2)f(0) + f'(0)$$

よって

$$F(s) = \frac{1}{(s^2+2s+2)(s+1)} + \frac{s+2}{s^2+2s+2}f(0) + \frac{f'(0)}{s^2+2s+2}$$

となる． ■

12.2 部分分数展開を用いた方法

式(12.3)から逆ラプラス変換するために，部分分数に展開することは有効である．

たとえば，$\dfrac{1}{s+a}$ の項があるとすると，その逆ラプラス変換は $e^{-at}u(t)$ となるので，即座に $f(t)$ が求まり便利である．

式(12.3)の分母 $P(s) = s^n + a_{n-1}s^{n-1} + a_{n-2}s^{n-2} + \cdots + a_1 s + a_0$ の根に重根がある場合とない場合に分けて議論を進める．

① $P(s) = 0$ の根 $s_1, s_2, s_3, \cdots, s_n$ がすべて単根の場合

式(12.3)は次の形に展開できる．

$$F(s) = \frac{c_1}{s-s_1} + \frac{c_2}{s-s_2} + \cdots + \frac{c_n}{s-s_n} \tag{12.4}$$

各項の係数 $c_1, c_2, c_3, \cdots, c_n$ は，式(11.5)で求めることができる．

② $P(s) = 0$ のうち s_1 が r 重根の場合

式(12.3)は以下の形に変形できる．

$$F(s) = \left(\frac{c_{1,1}}{s-s_1} + \frac{c_{1,2}}{(s-s_1)^2} + \cdots + \frac{c_{1,r}}{(s-s_1)^r}\right) + \frac{c_2}{s-s_2} + \cdots + \frac{c_{n-r+1}}{s-s_{n-r+1}} \tag{12.5}$$

式(11.7)～(11.9)を用いることで，$c_{1,1}$～$c_{1,r}$ を導出できる．

例題 12.3

例題 12.1 の初期値を $f(0)=1$ としたとき，解 $f(t)$ を逆ラプラス変換を用いて求めよ．

答

例題 12.1 において導出した $F(s)$ を用いる．

$$F(s)=\frac{f(0)}{s+1}$$

$f(0)=1$ より，

$$F(s)=\frac{1}{s+1}$$

である．逆ラプラス変換の式

$$\mathcal{L}^{-1}\left[\frac{1}{s+a}\right]=\mathrm{e}^{-at}$$

と比べると，$a=1$ とおけばいいので，

$$f(t)=\mathcal{L}^{-1}[F(s)]=\mathrm{e}^{-t}$$ ■

別解

確認のため例題 12.1 の微分方程式を変分法を用いて解き，上記の解と比べてみよう．

両辺を $f(t)$ で割ると，

$$\frac{1}{f(t)}\frac{\mathrm{d}}{\mathrm{d}t}f(t)=-1$$

両辺を t に対して積分して，

$$\int\frac{1}{f(t)}\frac{\mathrm{d}}{\mathrm{d}t}f(t)\,\mathrm{d}t=-\int\mathrm{d}t$$

$$\int\frac{1}{f(t)}\,\mathrm{d}f(t)=-\int\mathrm{d}t$$

$$\log(f(t))=-t+C$$

ただし，log は自然対数を表し，また C は積分定数である．

$$f(t)=\mathrm{e}^{-t+C}=A\mathrm{e}^{-t}$$

ただし $A=\mathrm{e}^{C}$ とおいた.

初期値 $f(0)=1$ を代入して $A=1$ となるから,

$$f(t)=\mathrm{e}^{-t}$$

を得る. ■

したがって, 逆ラプラス変換で求めた解と一致することが示された.

例題 12.4

例題 12.2 の初期値を $f(0)=0$, $f'(0)=1$ としたとき, 解 $f(t)$ を逆ラプラス変換を用いて求めよ.

答

例題 12.2 の解に初期値を代入すると,

$$F(s)=\frac{1}{(s^2+2s+2)(s+1)}+\frac{1}{s^2+2s+2}$$

となる. 分母に含まれる数式 s^2+2s+2 を因数分解すると,

$$s^2+2s+2=[s-(-1+j)][s-(-1-j)]$$

となるので,

$$F(s)=\frac{1}{(s^2+2s+2)(s+1)}+\frac{1}{s^2+2s+2}=\frac{c_1}{s+1-j}+\frac{c_2}{s+1+j}+\frac{c_3}{s+1}$$

と部分分数展開する.

$s=-1+j$, $-1-j$, -1 はすべて 1 位の極なので,

$$c_1=\{(s+1-j)F(s)\}|_{s=-1+j}$$
$$=\frac{1}{(-1+j+1+j)(-1+j+1)}+\frac{1}{(-1+j+1+j)}=-\frac{1}{2}-j\frac{1}{2}$$

$$c_2=\{(s+1+j)F(s)\}|_{s=-1-j}$$
$$=\frac{1}{(-1-j+1-j)(-1-j+1)}+\frac{1}{(-1-j+1-j)}=-\frac{1}{2}+j\frac{1}{2}$$

$$c_3=\{(s+1)F(s)\}|_{s=-1}=\frac{1}{(1-2+2)}=1$$

$$\therefore F(s)=\frac{1}{2}\left(\frac{-1-j}{s+1-j}+\frac{-1+j}{s+1+j}\right)+\frac{1}{s+1}$$

求めた $F(s)$ を逆ラプラス変換して,

$$f(t)=\frac{1}{2}\{-(\mathrm{e}^{-(1-j)t}+\mathrm{e}^{-(1+j)t})-j(\mathrm{e}^{-(1-j)t}-\mathrm{e}^{-(1+j)t})\}+\mathrm{e}^{-t}$$

$$=\mathrm{e}^{-t}\left(-\frac{\mathrm{e}^{jt}+\mathrm{e}^{-jt}}{2}+\frac{\mathrm{e}^{jt}-\mathrm{e}^{-jt}}{j2}+1\right)=\mathrm{e}^{-t}(-\cos t+\sin t+1)$$

となる. ■

展開

問題 12.1 以下の微分方程式をラプラス変換および逆ラプラス変換を用いて解け.

(1) $f(0)=1,\ \dfrac{\mathrm{d}f(t)}{\mathrm{d}t}+f(t)=0$

(2) $f(0)=2,\ \dfrac{\mathrm{d}f(t)}{\mathrm{d}t}+2f(t)=\mathrm{e}^{-t}$

(3) $f(0)=2,\ f'(0)=0,\ \dfrac{\mathrm{d}^2f(t)}{\mathrm{d}t^2}+3\dfrac{\mathrm{d}f(t)}{\mathrm{d}t}-4f(t)=0$

(4) $f(0)=1,\ f'(0)=0,$

$\dfrac{\mathrm{d}^2f(t)}{\mathrm{d}t^2}+5\omega\dfrac{\mathrm{d}f(t)}{\mathrm{d}t}+4\omega^2f(t)=\cos(2\omega t)$

(5) $f(0)=1,\ f'(0)=-1,\ \dfrac{\mathrm{d}^2f(t)}{\mathrm{d}t^2}+2\dfrac{\mathrm{d}f(t)}{\mathrm{d}t}+2f(t)=t\mathrm{e}^{-t}$

13　ラプラス変換の安定性と線形応答への応用

要点

1. ラプラス変換の極の複素平面内の位置によって，解の安定性が決まる．

準備

1. ラプラス変換が部分分数で与えられ，その極が実数のとき，もとの関数が時間的にどのように変化するかを確かめよ．
2. 同様に，極が虚部をもつとき，もとの関数が時間的にどのように変化するかを確かめよ．

第 12 章の常微分方程式のラプラス変換による解法を基本に，ラプラス変換・逆ラプラス変換を用いると線形システムの過渡解析が容易となる．また，システムのパラメータの値の大きさによって動作安定性が変わる．その条件についても本章で学んでいこう．

13.1　ラプラス変換の解の安定性

逆ラプラス変換の式

$$\mathcal{L}^{-1}\left[\frac{1}{s+a}\right]=\mathrm{e}^{-at} \tag{13.1}$$

より，

$$F(s)=\frac{1}{s+a}$$

の極 $s=-a$ の実部および虚部の値，符号によって，解が時間的に一定値に収束したり（安定であったり），逆に時間的に発散したり（不安定だったり）する．その様子を考えてみよう．

考えやすくするために，$s=-a=a_1+ja_2$（ただし a_1, a_2 は実数）とおくと，

式(13.1)より，

$$\mathcal{L}^{-1}\left[\frac{1}{s-(a_1+ja_2)}\right]=\mathrm{e}^{(a_1+ja_2)t} \tag{13.2}$$

である．以下，極 $s=-a=a_1+ja_2$ の値，符号ごとに分けて，式(13.2)の時間変化を考えよう．

① $a_1<0$，$a_2\neq 0$ のとき，

$$\mathrm{e}^{(a_1+ja_2)t}=\mathrm{e}^{a_1t}\mathrm{e}^{ja_2t}=\mathrm{e}^{a_1t}(\cos a_2t+j\sin a_2t)$$

右辺第 1 項 e^{a_1t} は時間的に減衰し，第 2 項 $(\cos a_2t+j\sin a_2t)$ は時間的に周期的に強弱を繰り返す振動項である．したがって，時間的に振動しながら減衰し，安定状態となる．

② $a_1<0$，$a_2=0$ のとき，
$\mathrm{e}^{(a_1+ja_2)t}=\mathrm{e}^{a_1t}$ なので，振動項がなく時間的に減衰し，安定状態となる．

③ $a_1=0$，$a_2\neq 0$ のとき，

$$\mathrm{e}^{(a_1+ja_2)t}=\cos a_2t+j\sin a_2t$$

なので，永遠に振動を繰り返し，安定状態に収束しない．

④ $a_1>0$，$a_2\neq 0$ のとき，

$$\mathrm{e}^{(a_1+ja_2)t}=\mathrm{e}^{a_1t}\,\mathrm{e}^{ja_2t}=\mathrm{e}^{a_1t}(\cos a_2t+j\sin a_2t)$$

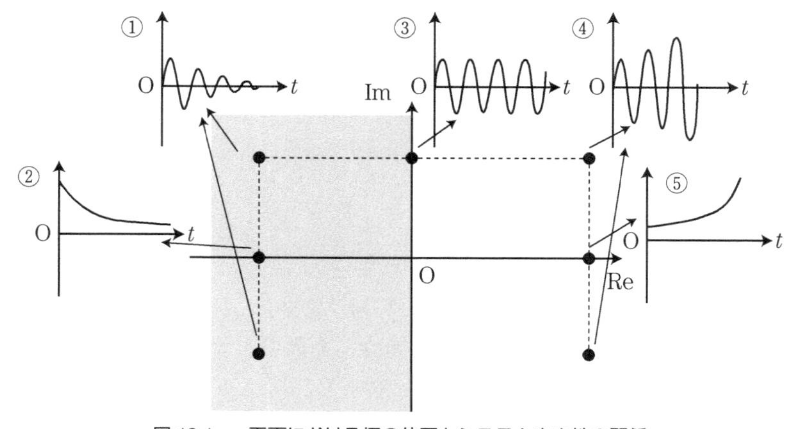

図 13.1　**s** 平面における極の位置とシステム安定性の関係

の右辺第1項が時間的に発散するため，振動しながら発散する不安定状態を表す．

⑤　$a_1 > 0,\ a_2 = 0$ のとき，

$$\mathrm{e}^{(a_1+ja_2)t} = \mathrm{e}^{a_1 t}$$

であり，振動せずに発散していく．

以上の様子を模式的に図 13.1 に示した．

13.2　線形回路へのラプラス変換の適用

LCR 線形回路を例に，常微分方程式を立てた後にラプラス変換による過渡解析の手法を学ぼう．

なお，本節では電気回路を例に解説するため，なじみのない読者にはわかりにくいかもしれない．問題 13.2(1) のように，力学系においては，質量，ばね定数，抵抗係数，位置および力でも同様の考え方があてはまるのでそれぞれ読み変えてほしい．

抵抗 R，インダクタ L，キャパシタ C を直列接続した回路に交流電圧源 $v(t)$ を接続したときの電流を $i(t)$ とすると，以下の微分方程式が成り立つ．

$$Ri(t) + L\frac{\mathrm{d}}{\mathrm{d}t}i(t) + \frac{1}{C}\int i(t)\,\mathrm{d}t = v(t) \tag{13.3}$$

もし直接的に式 (13.3) を解くとすると，たとえば両辺を時間 t で微分して 2 階常微分方程式にした後に，定数変化法を用いて過渡解を導出することになる．

一方，両辺をラプラス変換すると，

$$R\mathcal{L}[i(t)] + L\mathcal{L}\left[\frac{\mathrm{d}}{\mathrm{d}t}i(t)\right] + \frac{1}{C}\mathcal{L}\left[\int i(t)\,\mathrm{d}t\right] = \mathcal{L}[v(t)]$$

である．第 11 章の基本性質を用いて，

$$RI(s) + LsI(s) + \frac{1}{C}\frac{I(s)}{s} = V(s) \tag{13.4}$$

ただし，$\mathcal{L}[i(t)] = I(s)$，$\mathcal{L}[v(t)] = V(s)$ と表現した．また，定数項を省いている．

両辺に Cs を掛けて $I(s)$ を導出すると，以下の式を得る．

$$I(s) = \frac{CsV(s)}{LCs^2 + RCs + 1} \tag{13.5}$$

式 (13.5) から極を求めると，分母 $= 0$ の解を考えて，

$$s=\frac{-RC\pm\sqrt{(RC)^2-4LC}}{2LC}=-\frac{R}{2L}\pm\sqrt{\left(\frac{R}{2L}\right)^2-\frac{1}{LC}}$$

この実部の正負，平方根内の正負に応じて，解の安定性が決まる．

展開

問題 13.1　式(13.4)の解の安定性について求めよ．

問題 13.2　式(13.4)について考えた問題 13.1 は，電気回路の応答についてラプラス変換を用いた例であった．

ほかの分野でも，同様に微分方程式をラプラス変換して解を求めることができる．その例について以下の(1)力学，(2)熱力学についての問題を解け．

(1) 質量 m，ばね定数 k，抵抗係数 c，物体にかかる力を $f(t)$，変位を x とする(図 13.2)．運動方程式を立てて，ラプラス変換で解析する導出手順を示せ．

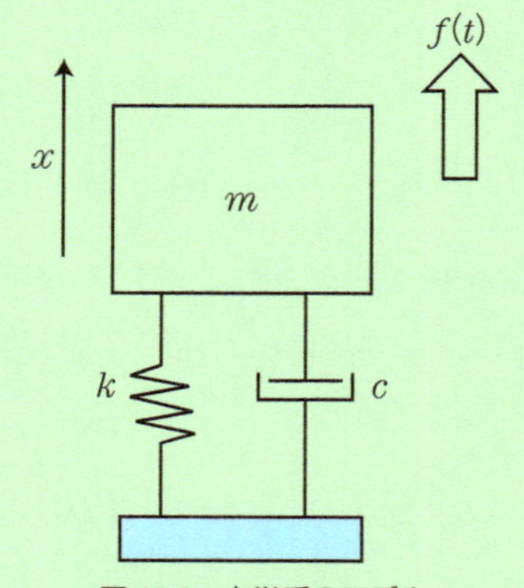

図 13.2　力学系のモデル

(2) 第 2 章の式(2.9)にあるように，拡散定数 D，熱伝導の方向 x，時間 t に対して，以下の偏微分方程式が成り立つ．

$$\frac{\partial^2 u}{\partial x^2}=\frac{1}{D}\frac{\partial u}{\partial t}$$

両辺をラプラス変換して(時間 t に対する演算であることに注意)，温度の変位・時間依存性を求める導出手順を示せ．

14　離散関数に対するラプラス変換：z 変換

要点

1. 時間波形 $f(t)$ を標本化周期 T_s（標本化周波数 f_s）のデルタ関数で標本化した後の波形 $f_\delta(t)$ のラプラス変換 $F_\delta(s)$ を z 変換と呼び，$z = e^{sT_s}$ の変数変換を行うことにより以下の定義式が求まる．

$$F(z) = Z[f(n)] = \sum_{n=0}^{\infty} f(n) z^{-n}$$

2. 離散フーリエ変換の基本性質と同様の性質が成り立つ．

準備

1. 離散フーリエ変換の導出の流れを復習せよ．
2. 離散フーリエ変換の基本性質と証明を復習せよ．

第８章において，アナログ信号を周期的に標本化した信号のフーリエ変換（離散フーリエ変換）について学んだ．それと同様に，標本化された信号のラプラス変換の考えも成り立つ．実用的な面では，時間遅延とフィードバック，和演算からフィルタを構成することができ，その設計手法に応用できるため，大変有効である．

14.1　z 変換の基礎

時間波形 $f(t)$ を標本化周期 T_s（標本化周波数 f_s）のデルタ関数で標本化した後の波形 $f_\delta(t)$ のラプラス変換 $F_\delta(s)$ は以下で表される．なお，標本化周期を基本単位とすることを前提に，$f(nT_s)$ を $f(n)$（n は整数）と書くこととする．

$$f_\delta(t) = \sum_{n=0}^{\infty} f(n)\,\delta(t - nT_s) \tag{14.1}$$

$$
\begin{aligned}
F_{\delta}(s) &= \int_0^{\infty} f_{\delta}(t)\,\mathrm{e}^{-st}\mathrm{d}t \\
&= \int_0^{\infty} \sum_{n=0}^{\infty} f(n)\,\delta(t-nT_s)\,\mathrm{e}^{-st}\mathrm{d}t \\
&= \sum_{n=0}^{\infty} \left(f(n) \int_0^{\infty} \delta(t-nT_s)\,\mathrm{e}^{-st}\mathrm{d}t \right) \\
&= \sum_{n=0}^{\infty} f(n)\,\mathrm{e}^{-nsT_s} \qquad (14.2)
\end{aligned}
$$

ここで，扱いを容易にするため，

$$z = \mathrm{e}^{sT_s} \qquad (14.3)$$

とおくと，式(14.2)は以下のように変形される．

$$F(z) = Z[f(n)] = \sum_{n=0}^{\infty} f(n)z^{-n} \qquad (14.4)$$

これを **z 変換**と呼ぶ．

逆 z 変換は，以下の式で定義される．

$$f(n) = Z^{-1}[F(z)] = \frac{1}{j2\pi}\int_C F(z)\,z^{n-1}\mathrm{d}z \qquad (14.5)$$

ただし，C は $F(z)$ が収束する閉路である．

14.2 z 変換の例

以下，代表的な z 変換を見ていこう．

① デルタ関数

デルタ関数状の時間関数(**単位パルス信号**と呼ぶ)は以下で与えられる(図14.1)．

$$\delta(n) = \begin{cases} 1 & (n = 0) \\ 0 & (n \neq 0) \end{cases} \qquad (14.6)$$

式(14.6)の z 変換は以下の式で表される．

$$F(z) = \sum_{n=0}^{\infty} \delta(n)\,z^{-n} = 1 \qquad (14.7)$$

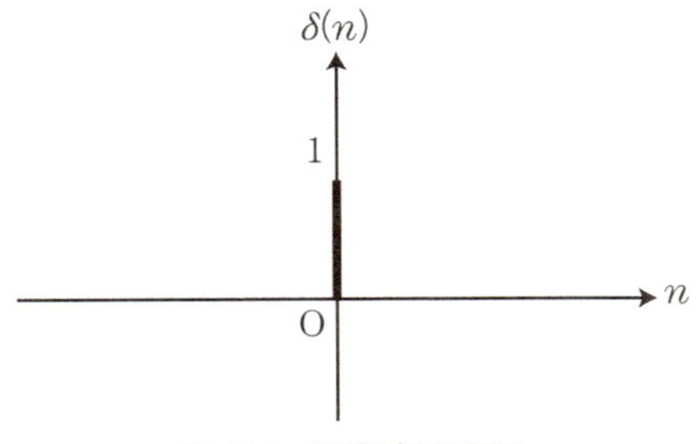

図 14.1　単位パルス信号

②　離散時間単位ステップ関数

①の単位パルス信号が周期 T_s で無限に繰り返される，図 14.2 に示すような信号を離散時間単位ステップ関数と定義すると，数式は以下で表される．

$$u(n)=\begin{cases}1 & (n \geq 0)\\ 0 & (n<0)\end{cases} \tag{14.8}$$

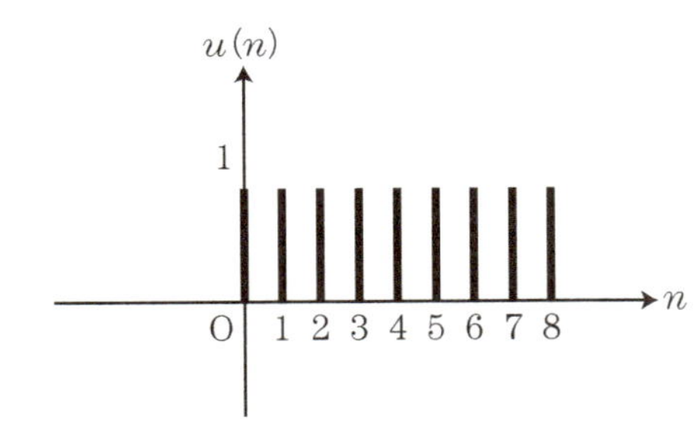

図 14.2　離散時間単位ステップ関数

z 変換は，

$$F(z)=\sum_{n=0}^{\infty} u(n) z^{-n}=\sum_{n=0}^{\infty} z^{-n}=1+z^{-1}+z^{-2}+\cdots+z^{-n}+\cdots \tag{14.9}$$

となる．式(14.9) − (14.9) × z^{-1} を計算して，

$$F(z)=\frac{1}{1-z^{-1}}=\frac{z}{z-1} \tag{14.10}$$

が得られる．

③　指数関数

指数関数は，以下の式で表現される．形状を図 14.3 に示す．

$$f(n)=\begin{cases} a^n & (n \geq 0) \\ 0 & (n < 0) \end{cases} \tag{14.11}$$

よって，

$$\begin{aligned} F(z) &= \sum_{n=0}^{\infty} f(n) z^{-n} \\ &= \sum_{n=0}^{\infty} a^n z^{-n} \\ &= \sum_{n=0}^{\infty} (az^{-1})^n = 1 + (az^{-1}) + (az^{-1})^2 + \cdots + (az^{-1})^n + \cdots \end{aligned}$$

である．

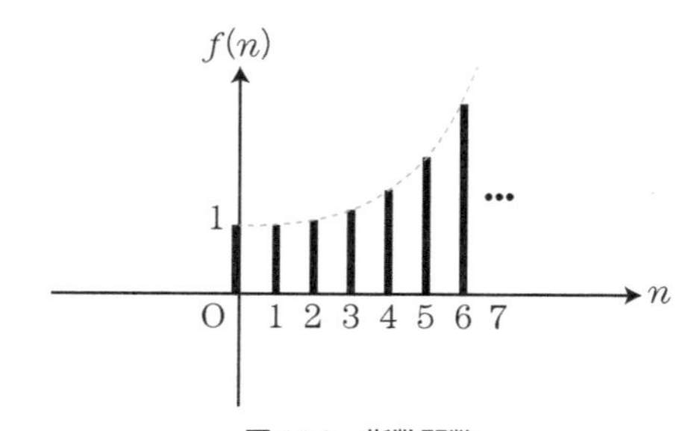

図 14.3　指数関数

式(14.10)の導出と同じ手法を用いて，

$$F(z) = \frac{1}{1-(az^{-1})} = \frac{z}{z-a} \tag{14.12}$$

となる．このことから，②の離散時間単位ステップ関数は，式(14.12)の $a=1$ の特別な場合とみなすことができる．

④　直線増加

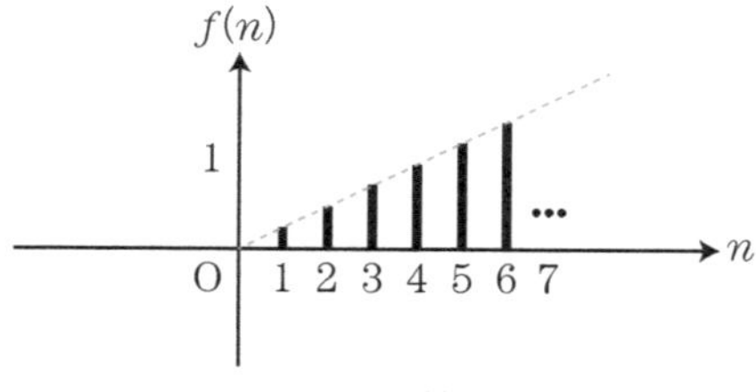

図 14.4　直線増加

直線状の増加関数は，以下の式で表される．

形状を図 14.4 に示す．

$$f(n)=\begin{cases} n & (n \geq 0) \\ 0 & (n < 0) \end{cases} \tag{14.13}$$

よって，

$$\begin{aligned} F(z) &= \sum_{n=0}^{\infty} f(n) z^{-n} \\ &= \sum_{n=0}^{\infty} n z^{-n} = z^{-1} + 2z^{-2} + \cdots + nz^{-n} + \cdots \end{aligned} \tag{14.14}$$

となる．式(14.14)－(14.14)×z^{-1} を計算して，

$$\begin{aligned} F(z) &= \frac{z^{-1}+z^{-2}+\cdots+z^{-n}+\cdots}{1-z^{-1}} \\ &= \frac{z^{-1}}{(1-z^{-1})^2} = \frac{z}{(z-1)^2} \end{aligned} \tag{14.15}$$

である．

⑤　三角関数

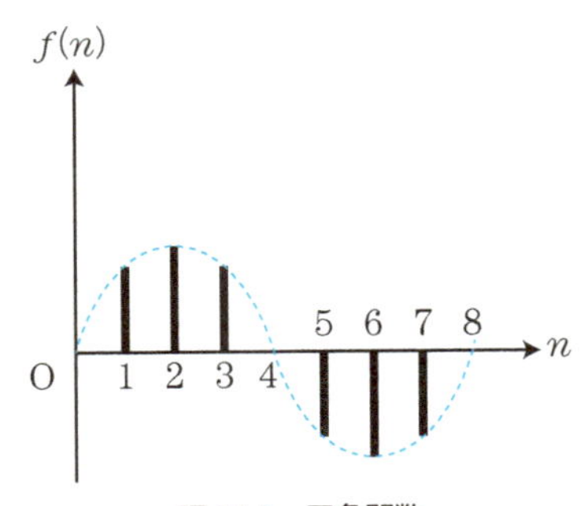

図 14.5　三角関数

三角関数(正弦関数)は以下で与えられる．

$$f(n)=\begin{cases} \sin(an) & (n \geq 0) \\ 0 & (n < 0) \end{cases} \tag{14.16}$$

z 変換は，

$$F(z) = \sum_{n=0}^{\infty} f(n) z^{-n}$$

$$
\begin{aligned}
&= \sum_{n=0}^{\infty} z^{-n} \sin(an) \\
&= \sum_{n=0}^{\infty} z^{-n} \frac{\mathrm{e}^{jan} - \mathrm{e}^{-jan}}{j2} \\
&= \sum_{n=0}^{\infty} \frac{(\mathrm{e}^{ja} z^{-1})^n - (\mathrm{e}^{-ja} z^{-1})^n}{j2} \\
&= \frac{1}{j2} \left\{ \frac{1}{1-(\mathrm{e}^{ja} z^{-1})} - \frac{1}{1-(\mathrm{e}^{-ja} z^{-1})} \right\} \\
&= \frac{1}{j2} \frac{(\mathrm{e}^{ja} z^{-1}) - (\mathrm{e}^{-ja} z^{-1})}{\{1-(\mathrm{e}^{ja} z^{-1})\}\{1-(\mathrm{e}^{-ja} z^{-1})\}} \\
&= \frac{1}{j2} \frac{(\mathrm{e}^{ja} z^{-1}) - (\mathrm{e}^{-ja} z^{-1})}{1-\{(\mathrm{e}^{ja} z^{-1}) + (\mathrm{e}^{-ja} z^{-1})\} + z^{-2}} \\
&= \frac{\mathrm{e}^{ja} - \mathrm{e}^{-ja}}{j2} \frac{z}{z^2 - 2z \dfrac{\mathrm{e}^{ja} + \mathrm{e}^{-ja}}{2} + 1} = \frac{z \sin a}{z^2 - 2z \cos a + 1} \qquad (14.17)
\end{aligned}
$$

となる.

例題 14.1

以下の関数の離散信号列の z 変換を求めよ.

(1) $f(n) = 2^n$ (2) $f(n) = \cos n\omega T$

答

(1)
$$
\begin{aligned}
F(z) &= \sum_{n=0}^{\infty} f(n) z^{-n} \\
&= \sum_{n=0}^{\infty} 2^n \cdot z^{-n} = \sum_{n=0}^{\infty} (2z^{-1})^n = \frac{1}{1-2z^{-1}} = \frac{z}{z-2}
\end{aligned}
$$

(2)
$$
\begin{aligned}
F(z) &= \sum_{n=0}^{\infty} f(n) z^{-n} \\
&= \sum_{n=0}^{\infty} \cos n\omega T z^{-n} \\
&= \sum_{n=0}^{\infty} \frac{\mathrm{e}^{jn\omega T} + \mathrm{e}^{-jn\omega T}}{2} z^{-n}
\end{aligned}
$$

$$= \sum_{n=0}^{\infty} \frac{(z^{-1}e^{j\omega T})^n + (z^{-1}e^{-j\omega T})^n}{2}$$

$$= \frac{1}{2}\left[\frac{1}{1 - z^{-1}e^{j\omega T}} + \frac{1}{1 - z^{-1}e^{-j\omega T}}\right]$$

$$= \frac{1}{2}\left[\frac{2 - z^{-1}(e^{j\omega T} + e^{-j\omega T})}{1 - z^{-1}(e^{j\omega T} + e^{-j\omega T}) + z^{-2}}\right] = \frac{z^2 - z\cos\omega T}{z^2 - 2z\cos\omega T + 1}$$

■

14.3 z 変換の基本性質

z 変換には，離散フーリエ変換と同様に以下の基本的な性質がある．

要点2

① 線形性

2 つの離散信号列 $\{f_1(n)\}$，$\{f_2(n)\}$ の z 変換が，それぞれ $F_1(z)$, $F_2(z)$ で与えられるとき，2 つの離散信号列の線形和で作られる信号列 $\{c_1 f_1(n) + c_2 f_2(n)\}$ (c_1, c_2 は定数) の z 変換は，$c_1 F_1(z) + c_2 F_2(z)$ となる．

線形性は以下のようにして確認できる．

式(14.4)の定義式より，

$$F_1(z) = \sum_{n=0}^{\infty} f_1(n) z^{-n}$$

$$F_2(z) = \sum_{n=0}^{\infty} f_2(n) z^{-n}$$

となる．よって，

$$Z[c_1 f_1(n) + c_2 f_2(n)] = \sum_{n=0}^{\infty} [c_1 f_1(n) + c_2 f_2(n)] z^{-n}$$

$$= c_1 \sum_{n=0}^{\infty} f_1(n) z^{-n} + c_2 \sum_{n=0}^{\infty} f_2(n) z^{-n}$$

$$= c_1 F_1(z) + c_2 F_2(z)$$

② 時間推移

標本化周期 T_s の離散信号列 $f(n)$ の z 変換が $F(z)$ であるとき，k を正の数であるとすると，

$$Z[f(n+k)] = z^k\left[Z[f(n)] - \sum_{n=0}^{k-1} f(n)z^{-n}\right] \tag{14.18}$$

$$Z[f(n-k)] = z^{-k}Z[f(n)] \tag{14.19}$$

である．式(14.19)は，$Z[f(n)]$ に z^{-1} を掛けると1標本化分遅延することを意味する．このことから，z^{-1} は**単位遅延演算子**と呼ばれる．

③ 畳み込み演算の z 変換

2つの離散信号列 $\{f(n)\}$，$\{h(n)\}$ の z 変換が，それぞ $F(z), H(z)$ で与えられるとき，$\{f(n)\}$，$\{h(n)\}$ の畳み込み演算 $y(n)$ を以下で定義する．

$$y(n) = \sum_{k=0}^{\infty} h(k)f(n-k) \tag{14.20}$$

このとき，$y(n)$ の z 変換 $Y(z)$ は，

$$Y(z) = H(z)F(z) \tag{14.21}$$

で与えられる．

以上の z 変換を表 14.1 にまとめておく．

表 14.1　主な z 変換の一覧表

$f(n)$	$Z[f(n)]$
$\delta(n)$	1
$u(n)$	$\dfrac{z}{z-1}$
a^n	$\dfrac{z}{z-a}$
$\cos n\omega T$	$\dfrac{z^2 - z\cos\omega T}{z^2 - 2z\cos\omega T + 1}$
$\sin n\omega T$	$\dfrac{z\sin\omega T}{z^2 - 2z\cos\omega T + 1}$
$c_1 f_1(n) + c_2 f_2(n)$	$c_1 F_1(z) + c_2 F_2(z)$
$f(n+k)$	$z^k\left[Z[f(n)] - \sum_{n=0}^{k-1} f(n)z^{-n}\right]$
$f(n-k)$	$z^{-k}Z[f(n)]$
$y(n) = \sum_{k=0}^{\infty} h(k)f(n-k)$	$Y(z) = H(z)F(z)$

例題 14.2

離散信号列の $f(n) = 3^n\ (n \geq 0)$ に対して，$f(n-1)$ の z 変換を求めよ．

答

（定義式からの導出）

$n<1$ の範囲では，$f(n-1)=0$ であり，$n-1\geq 0$ の範囲を考えればいいので

$$\sum_{n=1}^{\infty} f(n-1)z^{-n} = \sum_{n=1}^{\infty} 3^{n-1}z^{-n}$$
$$= \sum_{k=0}^{\infty} 3^{k}z^{-k-1}$$
$$= z^{-1}\sum_{k=0}^{\infty} 3^{k}z^{-k} = z^{-1}\frac{z}{z-3} = \frac{1}{z-3}$$

■

展開

問題 14.1　以下の離散信号列に対する z 変換を求めよ．

(1)　$f(n)=\cos(an)$　　$(n\geq 0)$

(2)　$f(n)=\mathrm{e}^{an}$　　$(n\geq 0)$

(3)　$f(n)=u(n-k)$　　$(n\geq 0,\ k\geq 0)$

15 逆 z 変換と応用

要点

1. 逆 z 変換の定義式は以下で与えられる．

$$f(n) = Z^{-1}[F(z)] = \frac{1}{j2\pi}\int_C F(z)z^{n-1}\mathrm{d}z$$

2. 逆 z 変換の求め方は，逆ラプラス変換と同様に離散関数と z 変換の対応関係から求めることが多い．
3. 線形差分方程式を z 変換・逆 z 変換を応用して解くことができる．

準備

1. z 変換の導出方法と，代表的な離散数列に対する z 変換を復習せよ．
2. 簡単な線形差分方程式全体を z 変換して，目的の解の z 変換を導出せよ．

第 14 章では，ラプラス変換の離散化プロセスに対応する数学手法，z 変換を学んだ．連続関数におけるラプラス変換の逆変換過程として逆ラプラス変換が存在するのと同様に，z 変換に対しても逆 z 変換が存在する．その基本的な計算手法を学ぶとともに，線形システムへの応用について学んでいこう．

15.1 逆 z 変換

逆 z 変換 $f(n)$ の定義は，式 (15.1) で示した通り $F(z)$ に対して以下で与えられる．

$$f(n) = \frac{1}{j2\pi}\int_C F(z)z^{n-1}\mathrm{d}z \tag{15.1}$$

この計算方法としては，主に式 (15.1) を直接計算する方法，および離散信号列と z 変換との対応から求める方法がある．以下，それぞれについて説明する．

① 式(15.1)を直接計算する方法

式(15.1)の積分路 C は，関数 $F(z)$ の収束する範囲内で閉路をとる．このとき，$F(z)z^{n-1}$ が有理関数ならば，留数定理を用いて計算可能である．

$$F(z)z^{n-1} = \frac{Q(z)}{P(z)} \tag{15.2}$$

とおくと，積分路 C 内に存在する $P(z) = 0$ の根 $z = a_i$(i は根の個数を表す)に対する留数の和が式(15.1)の計算値となる．

すなわち，

$$f(n) = \frac{1}{j2\pi}\int_C F(z)z^{n-1}\mathrm{d}z = \sum_i \mathrm{Res}\left[\frac{Q(z)}{P(z)}, a_i\right] \tag{15.3}$$

留数の求め方は第 11 章でも述べたが，$z = a_i$ が m 位の極のとき，その点における留数は以下で計算できる．

$$\mathrm{Res}\left[\frac{Q(z)}{P(z)}, a_i\right] = \frac{1}{(m-1)!}\frac{\mathrm{d}^{m-1}}{\mathrm{d}z^{m-1}}(z-a_i)^m\frac{Q(z)}{P(z)}\bigg|_{z=a_i} \tag{15.4}$$

② 離散信号列と z 変換との対応から求める方法

逆ラプラス変換の計算手法(第 13 章)と同様に，部分分数展開により逆 z 変換することができる．

ただし，

$$\mathcal{L}^{-1}\left[\frac{1}{s+a}\right] = \mathrm{e}^{-at} \qquad (\text{ただし } t \geq 0)$$

に対して，

$$Z^{-1}\left[\frac{z}{z-a}\right] = a^n \qquad (\text{ただし } n \geq 0)$$

であるので，有理関数の形に若干の差があることに注意されたい．

例題 15.1

部分分数展開を利用することで，以下の関数の逆 z 変換を求めよ．

(1) $F(z) = \dfrac{1}{z-4}$　　(2) $F(z) = \dfrac{z}{z^2-5z+6}$

(3) $F(z) = -\dfrac{1}{(z-1)^2(z-2)}$

答

(1)　指数関数の z 変換と時間移動の性質を利用すると,

$$Z^{-1}\left[\frac{1}{z-4}\right]=Z^{-1}\left[z^{-1}\frac{z}{z-4}\right]=4^{n-1}$$

(2)　部分分数展開をする.

$$F(z)=\frac{z}{z^2-5z+6}=\frac{z}{(z-2)(z-3)}=\left(\frac{c_1}{z-2}+\frac{c_2}{z-3}\right)z$$

と変形すると,

$$c_1=\{(z-2)F(z)\}|_{z=2}=-1$$
$$c_2=\{(z-3)F(z)\}|_{z=3}=1$$

だから,

$$Z^{-1}\left[\frac{z}{z^2-5z+6}\right]=Z^{-1}\left[\frac{z}{z-3}-\frac{z}{z-2}\right]$$

よって,

$$Z^{-1}\left[\frac{z}{z^2-5z+6}\right]=3^n-2^n$$

が得られる.

(3)　部分分数展開を行う.

$$F(z)=-\frac{1}{(z-1)^2(z-2)}=\frac{c_1}{z-1}+\frac{c_2}{(z-1)^2}+\frac{c_3}{z-2}$$

とおくと,

$$c_1=\left[\frac{\mathrm{d}}{\mathrm{d}z}\{(z-1)^2F(z)\}\right]\Big|_{z=1}=1$$
$$c_2=\{(z-1)^2F(z)\}|_{z=1}=1$$
$$c_3=\{(z-2)F(z)\}|_{z=2}=-1$$

となるので,

$$F(z)=-\frac{1}{(z-1)^2(z-2)}=\frac{1}{z-1}+\frac{1}{(z-1)^2}-\frac{1}{z-2}$$

と展開できる.

　したがって,

$$Z^{-1}\left[-\frac{1}{(z-1)^2(z-2)}\right]=Z^{-1}\left[\frac{1}{z-1}+\frac{1}{(z-1)^2}-\frac{1}{z-2}\right]$$

$$=Z^{-1}\left[z^{-1}\frac{z}{z-1}+z^{-1}\frac{z}{(z-1)^2}-z^{-1}\frac{z}{z-2}\right]$$

$$=u(n-1)+(n-1)-2^{n-1}\qquad (\text{ただし } n \geq 1)$$

が得られる．$n<1$ では値が 0 となる． ■

例題 15.2

留数定理を利用することで，例題 15.1 の (1)～(3) の逆 z 変換を求めよ．

答

$$f(n)=\frac{1}{j2\pi}\int_C F(z)z^{n-1}\mathrm{d}z$$

に各問題の $F(z)$ を代入して，被積分関数の留数を求める．

(1) $F(z)z^{n-1}=\dfrac{z^{n-1}}{z-4}$

$z=4$ は 1 位の極なので，

$$\mathrm{Res}\left[\frac{z^{n-1}}{z-4},4\right]=\{(z-4)F(z)z^{n-1}\}|_{z=4}=4^{n-1}$$

が得られる．

(2) $F(z)z^{n-1}=\dfrac{z^n}{z^2-5z+6}=\dfrac{z^n}{(z-2)(z-3)}$

$z=2$，3 はそれぞれ 1 位の極なので，

$$\mathrm{Res}\left[\frac{z^n}{(z-2)(z-3)},2\right]+\mathrm{Res}\left[\frac{z^n}{(z-2)(z-3)},3\right]$$

$$=\left.\frac{z^n}{(z-3)}\right|_{z=2}+\left.\frac{z^n}{(z-2)}\right|_{z=3}=3^n-2^n$$

となる．

(3) $F(z)z^{n-1}=-\dfrac{z^{n-1}}{(z-1)^2(z-2)}$

$z=1$ は 2 位の極なので，

$$\mathrm{Res}\left[-\frac{z^{n-1}}{(z-1)^2(z-2)},1\right]=\frac{1}{(2-1)!}\frac{\mathrm{d}}{\mathrm{d}z}\left[-\frac{z^{n-1}}{(z-2)}\right]\Bigg|_{z=1}$$

$$=\frac{-(n-1)z^{n-2}(z-2)+z^{n-1}}{(z-2)^2}\Bigg|_{z=1}$$

$$=(n-1)+1^{n-1}=(n-1)+u(n-1)$$

$z=2$ は 1 位の極なので,

$$\mathrm{Res}\left[-\frac{z^{n-1}}{(z-1)^2(z-2)},2\right]=-2^{n-1}$$

となるので,

$$Z^{-1}\left[-\frac{z^{n-1}}{(z-1)^2(z-2)}\right]=(n-1)+u(n-1)-2^{n-1}$$ ■

例題 15.2 を例題 15.1 と比べると，部分分数展開で求まる方法と留数定理から求める方法の結果が一致することが確かめられよう．

15.2 離散時間線形システムへの応用

応用上よく用いられる離散時間線形システムとしては，FIR (Finite Impulse Response) システム，IIR (Infinite Impulse Response) システムがある．それぞれについて見ていこう．

① FIR システム

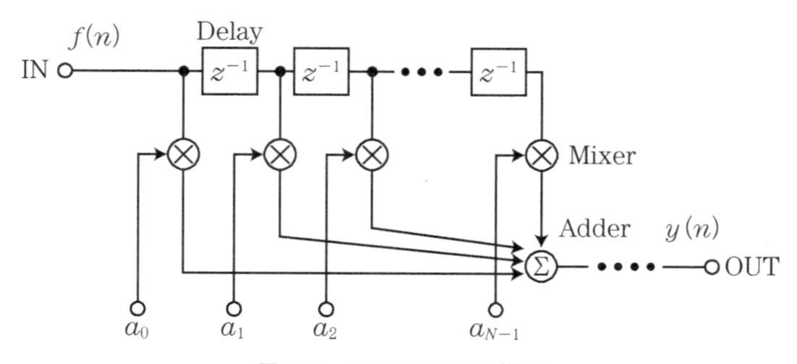

図 15.1　FIR システムの構成

システムの単位パルス応答が有限時間長に限られるシステムを，**FIR システム**と呼ぶ．その典型的な構成は図 15.1 に示すように，遅延 (Delay または

z^{-1})，分岐(•)，重みづけ関数(⊗および a_i)，和演算(Σ)から成る．

このシステムのインパルス応答は，次式のように求められる．

$$y(n) = \sum_{k=0}^{N-1} a_k f(n-k) \tag{15.5}$$

このシステムの伝達関数 $H(z)$ は式(15.5)の z 変換で求められ，以下で表される．

$$H(z) = \sum_{k=0}^{N-1} a_k z^{-k} \tag{15.6}$$

② IIR システム

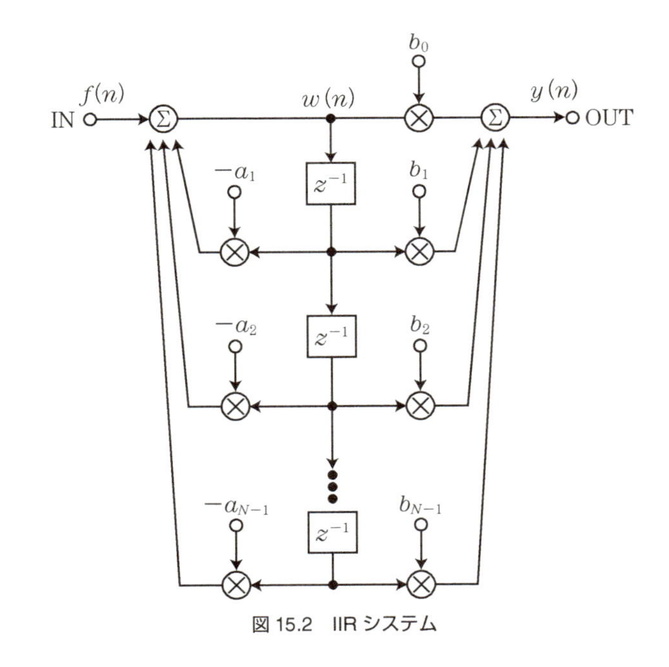

図 15.2　IIR システム

システムの単位パルス応答が無限に継続するシステムを，**IIR システム**と呼ぶ．図 15.2 に構成を示すが，FIR システムの構成以外にフィードバックが含まれることに気がつくであろう．このシステムのインパルス応答は，以下で表される．

$$w(n) = f(n) - \sum_{k=1}^{N-1} a_k w(n-k) \tag{15.7}$$

$$y(n) = \sum_{k=0}^{N-1} b_k w(n-k) \tag{15.8}$$

となる．式(15.7)，(15.8)の両辺の z 変換を求めると，

$$W(z) = F(z) - W(z) \sum_{k=1}^{N-1} a_k z^{-k}$$

$$Y(z) = W(z) \sum_{k=0}^{N-1} b_k z^{-k}$$

両式を整理して，

$$Y(z) = \frac{\displaystyle\sum_{k=0}^{N-1} b_k z^{-k}}{1 + \displaystyle\sum_{k=1}^{N-1} a_k z^{-k}} F(z)$$

とできる．よって，システムの伝達関数は

$$H(z) = \frac{Y(z)}{F(z)} = \frac{\displaystyle\sum_{k=0}^{N-1} b_k z^{-k}}{1 + \displaystyle\sum_{k=1}^{N-1} a_k z^{-k}} \tag{15.9}$$

となる．

求まった伝達関数を逆 z 変換することによって，インパルス応答を求めることができる．

15.3 線形差分方程式の解法への応用

ラプラス変換が常微分方程式の解法に応用できるのと同様に，z 変換は線形差分方程式を簡易に解くために応用可能である．以下ではその基本的な考え方に触れていく．

離散信号列 $f(n)$ に対して以下の方程式が成り立つと仮定する．

$$f(n+1) - f(n) = g(n) \quad (n \geq 0) \tag{15.10}$$

両辺を z 変換して，

$$z[F(z) - f(0)] - F(z) = G(z)$$

$F(z)$ について整理して，以下の式を得る．

$$F(z)=\frac{zf(0)+G(z)}{z-1}$$

あとは，15.2 節で述べた解法を用いて $f(n)$ を求めればよい．

展開

問題 15.1　以下の関数の逆 z 変換を求めよ．

(1)　$F(z)=\dfrac{z}{z-2}$

(2)　$F(z)=\dfrac{1-z^{-1}\cos\dfrac{\omega T}{2}}{1-2z^{-1}\cos\dfrac{\omega T}{2}+z^{-2}}$

問題 15.2　部分分数展開を用いて，以下の関数の逆 z 変換を求めよ．

(1)　$F(z)=\dfrac{z}{z^2-4}$

(2)　$F(z)=\dfrac{z}{(z+a)^k}$　$(|z|>|a|)$

問題 15.3　以下の線形差分方程式を解け．

(1)　$f(n+1)-f(n)=0$　$(n\geq 0)$
ただし，$f(0)=1$，$n<0$ にて $f(n)=0$

(2)　$f(n+1)-f(n)=1$　$(n\geq 0)$
ただし，$f(0)=1$，$n<0$ にて $f(n)=0$

(3)　$f(n)-3f(n-1)=n$　$(n\geq 0)$
ただし，$n<0$ にて $f(n)=0$

確認事項 III

10章　時間関数に対する処理：ラプラス変換

- □ ラプラス変換とは何かが理解できている.
- □ ラプラス変換の定義式を用いて，さまざまな関数のラプラス変換が求められる.
- □ ラプラス変換の基本性質が理解できている.

11章　逆ラプラス変換

- □ 逆ラプラス変換とは何かが理解できている.
- □ 逆ラプラス変換の定義式がわかる.
- □ 部分分数展開と留数定理を用いて，逆ラプラス変換ができる.

12章　ラプラス変換を利用した常微分方程式の解法

- □ n 階微分のラプラス変換を求めることができる.
- □ 線形常微分方程式をラプラス変換することができる.
- □ 導出したラプラス変換を逆ラプラス変換して，解を導出できる.

13章　ラプラス変換の安定性と線形応答への応用

- □ ラプラス変換を部分分数展開したときの極を求めることができる.
- □ 極が実数・虚数の場合の解の安定性について理解できている.

14章　離散関数に対するラプラス変換：z 変換

- □ z 変換とは何かが理解できている.
- □ デルタ関数で標本化した時間関数のラプラス変換が導出できる.
- □ z 変換の式が理解できている.
- □ さまざまな関数の z 変換が求められる.

15章　逆 z 変換と応用

- □ 逆 z 変換とは何かが理解できている.
- □ 逆 z 変換の式が理解できている.
- □ 部分分数展開・留数定理を用いて逆 z 変換が求められる.
- □ 線形差分方程式を z 変換して，解を求めることができる.

問題略解

問題 1.1 $f(t)=\sum_{n=1}^{\infty}\left[\frac{2A}{n\pi}\{(-1)^n-1\}\sin\left(\frac{2n\pi}{T}t\right)\right]$

問題 1.2 $f(t)=\frac{1}{\pi}+\frac{1}{2}\sin\frac{2\pi}{T}t+\frac{1}{\pi}\sum_{n=2}^{\infty}\frac{\{1-(-1)^{n+1}\}}{(1-n^2)}\cos\frac{2n\pi}{T}t$

問題 1.3 $f(t)=\frac{1}{2}+\frac{2}{\pi^2}\sum_{n=1}^{\infty}\frac{\{1-(-1)^n\}}{n^2}\cos nt$

問題 1.4 1周期の積分を考えると, 結果が同じになることはすぐわかるであろう.

問題 1.5 $f(t)=\frac{A(2t_w-T)}{2T}$

$$+\sum_{n=1}^{\infty}\left\{\frac{A}{n\pi}\sin\frac{2n\pi}{T}t_w\cos\frac{2n\pi}{T}+\frac{A}{n\pi}\left(1-\cos\frac{2n\pi}{T}t_w\right)\sin\frac{2n\pi}{T}t\right\}$$

問題 1.6 $t_w=\frac{T}{2}$, $t=\frac{T}{4}$ を代入して求めると, $1-\frac{1}{3}+\frac{1}{5}-\frac{1}{7}+\cdots=\frac{\pi}{4}$

問題 2.1 $f(t)=-\sum_{n=-\infty}^{\infty}\frac{2}{\pi(4n^2-1)}e^{j\frac{2n\pi}{T}t}$

問題 2.2 $f(t)=\frac{1}{\pi}+\frac{1}{j4}\left(e^{j\frac{2\pi}{T}t}-e^{-j\frac{2\pi}{T}t}\right)+\sum_{n=-\infty}^{-2}\frac{(-1)^{n+1}-1}{2(n^2-1)\pi}e^{j\frac{2n\pi}{T}t}$

$$+\sum_{n=2}^{\infty}\frac{(-1)^{n+1}-1}{2(n^2-1)\pi}e^{j\frac{2n\pi}{T}t}$$

問題 2.3 $f(t)=\frac{1}{2}+\frac{1}{\pi^2}\left[\sum_{n=-\infty}^{-1}\frac{\{1-(-1)^n\}}{n^2}e^{jnt}+\sum_{n=1}^{\infty}\frac{\{1-(-1)^n\}}{n^2}e^{jnt}\right]$

問題 2.4 (1) $f(t)=\frac{\pi^2}{3}+\sum_{n=-\infty}^{-1}\frac{2}{n^2}(-1)^n e^{jnt}+\sum_{n=1}^{\infty}\frac{2}{n^2}(-1)^n e^{jnt}$

(2) $\frac{1}{1^2}-\frac{1}{2^2}+\frac{1}{3^2}-\frac{1}{4^2}\cdots=\frac{\pi^2}{12}$

問題 3.1 $F(\omega)=\frac{\pi}{j}(\delta(\omega-\omega_0)-\delta(\omega+\omega_0))$

問題 3.2 $F(\omega)=\frac{1}{a+j\omega}$

問題 3.3 (1) $F(\omega)=\int_{-\infty}^{\infty}e^{-\left(\frac{t}{\sigma}\right)^2}e^{-j\omega t}dt$

$$\frac{\mathrm{d}F(\omega)}{\mathrm{d}\omega}=\int_{-\infty}^{\infty}\mathrm{e}^{-\left(\frac{t}{\sigma}\right)^2}\frac{\mathrm{d}}{\mathrm{d}\omega}\left[\mathrm{e}^{-j\omega t}\right]\mathrm{d}t=\int_{-\infty}^{\infty}\mathrm{e}^{-\left(\frac{t}{\sigma}\right)^2}(-jt)\,\mathrm{e}^{-j\omega t}\mathrm{d}t$$

ここで，$\frac{\mathrm{d}}{\mathrm{d}t}\mathrm{e}^{-\left(\frac{t}{\sigma}\right)^2}=-\frac{2t}{\sigma^2}\mathrm{e}^{-\left(\frac{t}{\sigma}\right)^2}$ より，$\frac{j\sigma^2}{2}\frac{\mathrm{d}}{\mathrm{d}t}\mathrm{e}^{-\left(\frac{t}{\sigma}\right)^2}=-jt\mathrm{e}^{-\left(\frac{t}{\sigma}\right)^2}$

を部分積分で利用する．$\int_{-\infty}^{\infty}(-jt)\,\mathrm{e}^{-\left(\frac{t}{\sigma}\right)^2}\mathrm{e}^{-j\omega t}\mathrm{d}t=-\frac{\sigma^2\omega}{2}F(\omega)$

(2) $F(\omega)=\sigma\sqrt{\pi}\mathrm{e}^{-\frac{(\sigma\omega)^2}{4}}$

問題 3.4 $F(\omega)=AT^2\left(\frac{\sin\omega\frac{T}{2}}{\omega\frac{T}{2}}\right)^2$

問題 4.1 $F(\omega)=j\omega AT^2\left(\frac{\sin\omega\frac{T}{2}}{\omega\frac{T}{2}}\right)^2$ で一致することが確かめられる．

問題 4.2 $F(\omega)=\frac{2A}{\omega}\sin\omega\frac{T}{2}$，$G(\omega)=2\cdot\frac{2A}{2\omega}\sin\left(2\cdot\omega\frac{T}{2}\right)$より確認できる．

問題 4.3 $F(\omega)=\frac{2A}{\omega}\sin\omega\frac{T}{2}$，$G(\omega)=\mathrm{e}^{j\omega\frac{T}{2}}\frac{2A}{\omega}\sin\omega\frac{T}{2}=\mathrm{e}^{j\omega\frac{T}{2}}F(\omega)$

から確認できる．

問題 4.4 $H(\omega)=\pi(\delta(\omega-\omega_0)+\delta(\omega+\omega_0))+\frac{\pi}{2}\{[\delta(\omega-(\omega_0-\omega_c))$

$+\delta(\omega-(\omega_0+\omega_c))+\delta(\omega+(\omega_0-\omega_c))+\delta(\omega+(\omega_0+\omega_c))\}$

問題 4.5 問題 4.3(a)，(b)の時間関数をそれぞれ$f(t)$，$g(t)$とおいて，

$g(t)=f\left(t+\frac{T}{2}\right)-f\left(t-\frac{T}{2}\right)$

また時間積分のフーリエ変換は，もとの関数のフーリエ変換を$j\omega$で割ったものから，求めることができる．

すなわち，$\frac{G(\omega)}{j\omega}=AT^2\left(\frac{\sin\omega\frac{T}{2}}{\omega\frac{T}{2}}\right)^2$ が得られる．

問題 5.1 (1) $t<0$のとき，$f_1(t)*f_2(t)=0$

$t\geq 0$のとき，$f_1(t)*f_2(t)=t\mathrm{e}^{-at}$

(2) $\mathscr{F}[f_1(t)*f_2(t)]=\frac{1}{(a+j\omega)^2}$

(3) $F_1(\omega)F_2(\omega)=\frac{1}{(a+j\omega)^2}$ より(2)の結果と一致することを確認できる．

問題 5.2

$$f(t)*h(t)=\begin{cases}A\tau_0\left(1-\mathrm{e}^{-\frac{t}{\tau_0}}\right) & (0\leq t<T)\\ A\tau_0\left(\mathrm{e}^{\frac{T}{\tau_0}}-1\right)\mathrm{e}^{-\frac{t}{\tau_0}} & (t\geq T)\\ 0 & (t<0)\end{cases}$$

問題 5.3　(1) $\int_{-\infty}^{\infty} \delta(t-\tau) f(\tau)\,\mathrm{d}\tau = f(t)$

(2) $\mathscr{F}[\delta(\mathrm{t})]\mathscr{F}[f(t)] = F(\omega)$

(3) (2)の逆フーリエ変換は$f(t)$であるので，(1)の結果に一致する．

問題 5.4　$\mathscr{F}^{-1}\left[\sigma^2 \pi \mathrm{e}^{-\frac{(\sigma\omega)^2}{2}}\right] = \sigma\sqrt{\frac{\pi}{2}}\mathrm{e}^{-\frac{1}{2}\left(\frac{t}{\sigma}\right)^2}$

問題 5.5　$y(t) = \int_{-\infty}^{\infty} f_2(\tau) f_1(t-\tau)\,\mathrm{d}\tau = \int_{-\infty}^{\infty} k f_1(T-\tau) f_1(t-\tau)\,\mathrm{d}\tau$

(a) $t<0$のとき，$y(t)=0$

(b) $0 \leq t < \frac{T}{2}$のとき，$y(t) = \int_0^t \frac{2}{T}\tau k \frac{2}{T}(t-\tau)\,\mathrm{d}\tau = \frac{2kt^3}{3T^2}$

(c) $\frac{T}{2} \leq t < T$のとき，

$$y(t) = \int_0^{t-\frac{T}{2}} k\frac{2}{T}\tau\frac{2}{T}\{T-(t-\tau)\}\,\mathrm{d}\tau + \int_{t-\frac{T}{2}}^{\frac{T}{2}} k\frac{2}{T}\tau\frac{2}{T}(t-\tau)\,\mathrm{d}\tau$$

$$+\int_{\frac{T}{2}}^{t} k\frac{2}{T}(T-\tau)\frac{2}{T}(t-\tau)\,\mathrm{d}\tau = \frac{4k}{T^2}\left(-\frac{1}{2}t^3 + t^2T - \frac{1}{2}tT^2 + \frac{T^3}{12}\right)$$

(d) $T \leq t < \frac{3T}{2}$のとき，

$$y(t) = \int_{t-T}^{\frac{T}{2}} k\frac{2}{T}\tau\frac{2}{T}\{T-(t-\tau)\}\,\mathrm{d}\tau + \int_{\frac{T}{2}}^{t-\frac{T}{2}} k\frac{2}{T}(T-\tau)\frac{2}{T}\{T-(t-\tau)\}\,\mathrm{d}\tau$$

$$+\int_{t-\frac{T}{2}}^{T} k\frac{2}{T}(T-\tau)\frac{2}{T}(t-\tau)\,\mathrm{d}\tau = \frac{4k}{T^2}\left(\frac{1}{2}t^3 - 2t^2T + \frac{5}{2}tT^2 - \frac{11T^3}{12}\right)$$

(e) $\frac{3T}{2} \leq t < 2T$のとき，

$$y(t) = \int_{t-T}^{T} k\frac{2}{T}(T-\tau)\frac{2}{T}\{T-(t-\tau)\}\,\mathrm{d}\tau = \frac{4k}{T^2}\left(-\frac{1}{6}t^3 + t^2T - 2tT^2 + \frac{4T^3}{3}\right)$$

(f) $t \geq 2T$のとき，$y(t)=0$

問題 5.6　$y(t) = \int_{-\infty}^{\infty} f_2(\tau) f_1(t-\tau)\,\mathrm{d}\tau = \int_{-\infty}^{\infty} k f_1(T-\tau) f_1(t-\tau)\,\mathrm{d}\tau$

この式を8通りに分けて解く．

(a) $t<0$のとき，$y(t)=0$

(b) $0 \leq t < \frac{T}{3}$のとき　$y(t) = \int_0^t \left(-\frac{kA}{2}\right)\frac{A}{2}\,\mathrm{d}\tau = -\frac{kA^2}{4}t$

(c) $\frac{T}{3} \leq t < \frac{2}{3}T$のとき

$$y(t) = \int_0^{t-\frac{T}{3}}\left(-\frac{kA}{2}\right)\left(-\frac{A}{2}\right)\mathrm{d}\tau + \int_{t-\frac{T}{3}}^{t}\left(-\frac{kA}{2}\right)\frac{A}{2}\,\mathrm{d}\tau = \frac{kA^2}{4}\left(t-\frac{2}{3}T\right)$$

Ⅰ フーリエ級数とフーリエ変換

Ⅱ 離散化処理：離散フーリエ変換

Ⅲ ラプラス変換と z 変換

(d) $\dfrac{2}{3}T \leq t < T$ のとき

$$y(t) = \int_0^{t-\frac{T}{3}} \left(-\frac{kA}{2}\right)\left(-\frac{A}{2}\right)\mathrm{d}\tau + \int_{t-\frac{T}{3}}^{\frac{2T}{3}} \left(-\frac{kA}{2}\right)\left(\frac{A}{2}\right)\mathrm{d}\tau + \int_{\frac{2T}{3}}^{t} \left(\frac{kA}{2}\right)\left(\frac{A}{2}\right)\mathrm{d}\tau$$

$$= \frac{kA^2}{4}(3t - 2T)$$

(e) $T \leq t < \dfrac{4}{3}T$ のとき

$$y(t) = \int_{t-T}^{\frac{2T}{3}} \left(-\frac{kA}{2}\right)\left(-\frac{A}{2}\right)\mathrm{d}\tau + \int_{\frac{2T}{3}}^{t-\frac{T}{3}} \left(-\frac{kA}{2}\right)\left(\frac{A}{2}\right)\mathrm{d}\tau + \int_{t-\frac{T}{3}}^{t} \left(\frac{kA}{2}\right)\left(\frac{A}{2}\right)\mathrm{d}\tau$$

$$= \frac{kA^2}{4}(-3t + 4T)$$

(f) $\dfrac{4}{3}T \leq t < \dfrac{5}{3}T$ のとき

$$y(t) = \int_{t-T}^{\frac{2T}{3}} \left(-\frac{kA}{2}\right)\left(-\frac{A}{2}\right)\mathrm{d}\tau + \int_{\frac{2T}{3}}^{t} \left(-\frac{kA}{2}\right)\left(\frac{A}{2}\right)\mathrm{d}\tau = \frac{kA^2}{4}\left(-t + \frac{4}{3}T\right)$$

(g) $\dfrac{5}{3}T \leq t < 2T$ のとき　$y(t) = \displaystyle\int_{t-T}^{t} \left(-\frac{kA}{2}\right)\frac{A}{2}\mathrm{d}\tau = \frac{kA^2}{4}(t - 2T)$

(h) $t \geq 2T$ のとき，$y(t) = 0$

問題 6.1　$\displaystyle\int_{-\infty}^{\infty} |f(t)|^2 \mathrm{d}t = \frac{2A^2F^3}{3}$

問題 6.2　(1) $F(\omega) = \dfrac{2}{1+\omega^2}$　(2) $\displaystyle\int_{-\infty}^{\infty} \left(\frac{1}{1+\omega^2}\right)^2 \mathrm{d}\omega = \frac{\pi}{2}$

問題 6.3　$S(\omega) = \displaystyle\int_{-\infty}^{\infty} R(\tau)\mathrm{e}^{-j\omega\tau}\mathrm{d}\tau$

$$= \frac{A^2T}{4}\left(\frac{\sin\omega\frac{T}{2}}{\omega\frac{T}{2}}\right)^2 + \frac{\pi A^2}{2}\delta(\omega)$$

問題 6.4　$S(\omega) = \displaystyle\int_{-\infty}^{\infty} R(\tau)\mathrm{e}^{-j\omega\tau}\mathrm{d}\tau = \frac{A^2}{2}\mathscr{F}\left[\frac{\mathrm{e}^{j\omega_c\tau} + \mathrm{e}^{-j\omega_c\tau}}{2}\right]$

$$= \frac{\pi A^2}{4}(\delta(\omega - \omega_c) + \delta(\omega + \omega_c))$$

問題 7.1　$s(t)$ のフーリエ変換は以下のように表される．

$$S(\omega) = f_s \sum_{k=-\infty}^{\infty} M(\omega - k2\pi f_s)$$

グラフを以下に示す．

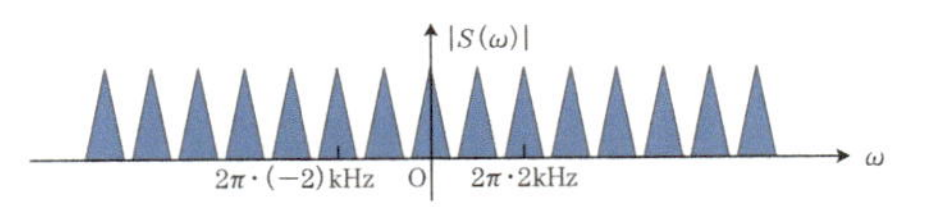

問題解答図 7.1

問題 8.1 $\begin{bmatrix} f(0) \\ f(1) \\ f(2) \\ f(3) \end{bmatrix} = \begin{bmatrix} 2 \\ 1 \\ 0 \\ 1 \end{bmatrix}, \quad F(k) = \begin{bmatrix} 4 \\ 2 \\ 0 \\ 2 \end{bmatrix}$

問題 8.2 ① $F(k) = \begin{bmatrix} 4 \\ 2-j2 \\ 0 \\ 2+j2 \end{bmatrix}$ ② $G(k) = \begin{bmatrix} 4 \\ -2-j2 \\ 0 \\ -2+j2 \end{bmatrix}$

問題 8.3 $G(0) = \left(\mathrm{e}^{-j\frac{2\pi}{4}}\right)^0 F(0),\ G(1) = \left(\mathrm{e}^{-j\frac{2\pi}{4}}\right)^1 F(1),$

$G(2) = \left(\mathrm{e}^{-j\frac{2\pi}{4}}\right)^2 F(2),\ G(3) = \left(\mathrm{e}^{-j\frac{2\pi}{4}}\right)^3 F(3)$

となっていることが確かめられる.

問題 9.1 $F(k) = F_0(k) + (W_4{}^k)^* F_1(k)\ (k=0, 1)$

$F(k+2) = F_0(k) - (W_4{}^k)^* F_1(k)\ (k=0, 1)$

問題 10.1 (1) $F(s) = \dfrac{1}{(s+a)^2}$ (2) $\mathcal{L}[f''(t)] = s^2F(s) - sf(0) - f'(0)$

(3) $\mathcal{L}[f^{(n)}(t)] = s^nF(s) - s^{n-1}f(0) - s^{n-2}f'(0) - \cdots - sf^{(n-2)}(0) - f^{(n-1)}(0)$

問題 10.2 $\mathcal{L}\left[\mathrm{e}^{-at}\dfrac{t^n}{n!}\right] = \dfrac{1}{(s+a)^{n+1}}$

問題 10.3 $F(s) = \dfrac{2s\omega_0}{(s^2+\omega_0{}^2)^2}$

問題 11.1 (1) $\mathcal{L}^{-1}\left[\dfrac{1}{(s+1)^2}\right] = t\mathrm{e}^{-t}$ (2) $\mathcal{L}^{-1}\left[\dfrac{1}{(s-2)^2}\right] = t\mathrm{e}^{2t}$

(3) $\mathcal{L}^{-1}\left[\dfrac{1}{(s+1)^3}\right] = \dfrac{t^2}{2}\mathrm{e}^{-t}$ (4) $\mathcal{L}^{-1}\left[\dfrac{6}{s^4}\right] = t^3$

(5) $\mathcal{L}^{-1}\left[\dfrac{1}{(s+3)^4}\right] = \dfrac{1}{6}t^3\mathrm{e}^{-3t}$ (6) $\mathcal{L}^{-1}\left[\dfrac{s}{s^2+4\omega^2}\right] = \cos 2\omega t$

問題 11.2 (1) $\mathcal{L}^{-1}\left[\dfrac{1}{s^2-2s-3}\right] = \dfrac{1}{4}[\mathrm{e}^{3t} - \mathrm{e}^{-t}]$

(2) $\mathcal{L}^{-1}\left[\dfrac{1}{s^2+2s-1}\right] = \dfrac{1}{2\sqrt{2}}(\mathrm{e}^{(-1+\sqrt{2})t} - \mathrm{e}^{(-1-\sqrt{2})t})$

(3) $\mathcal{L}^{-1}\left[\dfrac{1}{s^2-1}\right] = \dfrac{1}{2}(\mathrm{e}^{t} - \mathrm{e}^{-t})$ (4) $\mathcal{L}^{-1}\left[\dfrac{s+1}{(s+2)^2}\right] = (1-t)\mathrm{e}^{-2t}$

(5) $\mathcal{L}^{-1}\left[\dfrac{s+8}{(s-1)(s+2)^2}\right] = \mathrm{e}^{t} - (1+2t)\mathrm{e}^{-2t}$

問題 12.1 (1) $f(t) = \mathrm{e}^{-t}$ (2) $f(t) = \mathrm{e}^{-t} + \mathrm{e}^{-2t}$

(3) $f(t)=\frac{8}{5}\mathrm{e}^{t}+\frac{2}{5}\mathrm{e}^{-4t}$

(4) $f(t)=\left(\frac{4}{3}-\frac{1}{15\omega^2}\right)\mathrm{e}^{-\omega t}+\left(-\frac{1}{3}+\frac{1}{15\omega^2}\right)\mathrm{e}^{-4\omega t}+\frac{1}{10\omega^2}\sin 2\omega t$

(5) $f(t)=\mathrm{e}^{-t}(\cos t-\sin t+t)$

問題 13.1　式(13.4)の平方根の符号により場合分けする．

(1) $\left(\frac{R}{2L}\right)^2-\frac{1}{LC}>0\left(R^2>\frac{4L}{C}\right)$　の場合，

$s=\frac{R}{2L}\left(-1\pm\sqrt{1-\frac{4L}{CR^2}}\right)<0$　であるから，時間とともに減衰する．

(2) $\left(\frac{R}{2L}\right)^2-\frac{1}{LC}=0\left(R^2=\frac{4L}{C}\right)$　の場合，$s=-\frac{R}{2L}<0$

なので，(1)と同様に時間とともに減衰する．

(3) $\left(\frac{R}{2L}\right)^2-\frac{1}{LC}<0\left(R^2<\frac{4L}{C}\right)$　の場合，$s=\frac{R}{2L}\left(-1\pm j\sqrt{\frac{4L}{CR^2}-1}\right)$

であり，実部<0だから，時間的に振動しながら強度が減衰していく．

問題 13.2　(1) 運動方程式は，$m\frac{\mathrm{d}^2x}{\mathrm{d}t^2}=-kx-c\frac{\mathrm{d}x}{\mathrm{d}t}+f(t)$　となる．

両辺をラプラス変換することによって，

$X(s)=\frac{(ms+c)x(0)+mx'(0)+F(s)}{ms^2+cs+k}$　を得る．

(2) 熱拡散方程式をラプラス変換すると，

$sU(s)-u(0)=D\frac{\mathrm{d}^2U}{\mathrm{d}x^2}$，$\frac{\mathrm{d}^2U}{\mathrm{d}x^2}=\frac{sU(s)}{D}-\frac{u(0)}{D}$

xについての2階常微分方程式を解いた後に，逆ラプラス変換することで，温度の時間・変位依存性を求めることができる．

問題 14.1　(1) $F(z)=\frac{z^2-z\cos a}{z^2-2z\cos a+1}$

(2) $F(z)=\frac{z}{z-\mathrm{e}^a}$　(3) $F(z)=\frac{z^{-k+1}}{z-1}$

問題 15.1　(1) $Z^{-1}\left[\frac{z}{z-2}\right]=2^n$

(2) $Z^{-1}\left[\frac{1-z^{-1}\cos\frac{\omega T}{2}}{1-2z^{-1}\cos\frac{\omega T}{2}+z^{-2}}\right]=\cos\frac{n\omega T}{2}$

問題 15.2　(1) $Z^{-1}\left[\frac{z}{z^2-4}\right]=\frac{1}{2}[2^{n-1}+(-2)^{n-1}]$

(2) $Z^{-1}\left[\frac{z}{(z+a)^{k+1}}\right]={}_n\mathrm{C}_k(-a)^{n-k}$

問題 15.3　(1) $f(n)=1\,(n\geq 0)$　(2) $f(n)=n+1\,(n\geq 0)$

(3) $f(n)=\frac{3}{4}(3^n-1)-\frac{1}{2}n\,(n\geq 0)$

いずれも$n<0$で$f(n)=0$となる．

参考文献

- 水本 哲弥(著)電気情報数学，培風館(2009)．
- 水本 哲弥(著)フーリエ級数・変換／ラプラス変換，オーム社(2010)．
- 小暮 陽三(著)なっとくするフーリエ変換，講談社(1999)．
- 松下 泰雄(著)フーリエ解析　基礎と応用，培風館(2001)．
- 寺田 文行(著)フーリエ解析・ラプラス変換(ライブラリ理工基礎数学(5))，サイエンス社(1998)．
- E・クライツィグ(著)・阿部 寛治(訳)フーリエ解析と偏微分方程式，培風館(1987)．
- 中村 尚五(著)ビギナーズ　デジタルフーリエ変換，東京電機大学出版局(1989)．
- 篠崎 寿夫・松浦 武信(著)ラプラス変換とデルタ関数，東海大学出版会(1981)．
- 萩原 将文(著)ディジタル信号処理，森北出版(2001)．
- 萩原 将文・中川 健治(著)情報通信理論 1　符号理論・待ち行列理論(電子情報通信工学シリーズ)，森北出版(1997)．
- Simon Haykin, Michael Moher: *Communication Systems*, John Wiley & Sons, Inc. (2010)．

索引

記号・数字・欧文

あ行

か行

さ行

た行

な行

は行

ま・や・ら行

著者紹介

植之原（うえのはら） 裕行（ひろゆき）　博士（工学）

1987 年　東京工業大学工学部電子物理工学科卒業
1989 年　東京工業大学大学院総合理工学研究科物理情報工学専攻修士課程修了
現　在　東京工業大学科学技術創成研究院未来産業技術研究所 教授

宮本（みやもと） 智之（ともゆき）　博士（工学）

1991 年　東京工業大学工学部電子物理工学科卒業
1996 年　東京工業大学大学院総合理工学研究科物理情報工学専攻博士課程修了
現　在　東京工業大学科学技術創成研究院未来産業技術研究所 准教授

NDC413　143p　21cm

スタンダード 工学系（こうがくけい）のフーリエ解析（かいせき）・ラプラス変換（へんかん）

2015 年 1 月 23 日　第 1 刷発行
2024 年 1 月 23 日　第 5 刷発行

著　者　植之原（うえのはら） 裕行（ひろゆき）・宮本（みやもと） 智之（ともゆき）
発行者　森田 浩章
発行所　株式会社　講談社
〒112-8001　東京都文京区音羽 2-12-21
販売　(03)5395-4415
業務　(03)5395-3615

KODANSHA

編　集　株式会社　講談社サイエンティフィク
代表　堀越俊一
〒162-0825　東京都新宿区神楽坂 2-14　ノービィビル
編集　(03)3235-3701

本文データ制作　美研プリンティング株式会社
印刷・製本　株式会社ＫＰＳプロダクツ

落丁本・乱丁本は，購入書店名を明記のうえ，講談社業務宛にお送りください．送料小社負担にてお取替えします．なお，この本の内容についてのお問い合わせは，講談社サイエンティフィク宛にお願いいたします．定価はカバーに表示してあります．

Printed in Japan

ISBN978-4-06-156540-1